Mojib Latif
Heißzeit

Mojib Latif

# Heißzeit

Mit Vollgas in die Klimakatastrophe –
und wie wir auf die Bremse treten

FREIBURG · BASEL · WIEN

© Verlag Herder GmbH, Freiburg im Breisgau 2020
Alle Rechte vorbehalten
www.herder.de

Satz: Meta Systems Publishing & Printservices GmbH, Wustermark
Herstellung: CPI books GmbH, Leck

Printed in Germany

ISBN Print 978-3-451-38684-8
ISBN E-Book 978-3-451-81961-2

# Inhalt

**Es gibt keinen Planeten B**
Vorwort .................................... 7

**Die Welt am Rande des Abgrunds** ............ 31
   Die Grenzen des Wachstums ............... 31
   Extremwetter ......................... 39
   Wird Australien zum „Fukushima" des Klimawandels? ............................... 50

**Die Ursachen des Klimawandels** .............. 55
   Kohlendioxid ........................... 55
   Der natürliche Treibhauseffekt ............. 66
   Der anthropogene Treibhauseffekt ........... 73
   Belege für die anthropogene Klimabeeinflussung 81
      Temperatur ........................ 81
      Meeresspiegel ...................... 86
      Der Beweis ......................... 89

**Stillstand im Kampf ums Klima – warum sich nichts bewegt** .............................. 99
   Die Komplexität des Problems ............. 99
   Entkopplung von Ursache und Wirkung ...... 111
   Die Methoden der Klimaskeptiker .......... 119
   Störfeuer aus Politik und Wirtschaft ........ 130
   Gesellschaftliche Veränderungen ........... 139
   Schöne neue Medienwelt ................. 145
   Gefahr für Demokratie und Freiheit ........ 151
   Die Coronaviruskrise .................... 158

**Was wir tun müssen** .......................... 172
    Ein schneller Umbruch ist vonnöten ......... 172
    Klimapolitik oder Wortakrobatik ............ 176
    Klimakommunikation neu gestalten ......... 188
    Vom Wissen zum Handeln ................ 199

**Zehn-Punkte-Plan zum Klimaschutz** ........... 205

**Anmerkungen** ............................. 208

# Es gibt keinen Planeten B
# Vorwort

*„Wir sind jetzt mit der Tatsache konfrontiert, dass morgen heute ist. Wir sind mit der heftigen Dringlichkeit des Heute konfrontiert. In diesem sich entfaltenden Rätsel des Lebens und der Geschichte gibt es so etwas wie zu spät zu sein. Zögern ist immer noch der Dieb der Zeit ... Wir mögen verzweifelt nach der Zeit schreien, um in ihrem Lauf innezuhalten, aber die Zeit ist taub für jede Bitte und eilt weiter. Über den gebleichten Knochen und den durcheinandergewürfelten Überresten zahlreicher Zivilisationen stehen die pathetischen Worte geschrieben: ‚Zu spät'."*
Martin Luther King Jr., 1967

Diese Worte von Martin Luther King Jr. waren auf den Vietnamkrieg gemünzt. Sie können jedoch problemlos auch auf den Umgang der Menschheit mit der Klimakrise angewendet werden. Die Temperatur der Erde steigt seit Jahrzehnten, und der Grund dafür ist in der Wissenschaft unumstritten. Die Menschheit emittiert gewaltige Mengen Treibhausgase in die Atmosphäre, allen voran Kohlendioxid ($CO_2$), weswegen sich die Erde erwärmen muss. Und Jahr für Jahr werden es mehr Treibhausgase, die sich in der Luft ansammeln. Die Jahre 2010 bis 2019 waren, für Klimawissenschaftler wenig überraschend, das bisher wärmste Jahrzehnt seit Beginn der flächendeckenden Messungen 1880 und setzten damit einen Trend fort.[1] Sollte der Erwärmungstrend in den kommenden Jahrzehnten unvermindert anhalten, würden sich die Lebensbedingungen auf der Erde extrem verschlechtern. Einige Weltregionen drohen unbewohnbar zu werden. Die Wissenschaft warnt die Öffentlichkeit schon seit vielen Jahren vor dem drohenden Klimakollaps. Ein prominentes Beispiel aus der jüngeren Vergangenheit ist der 2019 in einer Fachzeitschrift erschienene Beitrag mit dem Titel „Warnung der Wissenschaftler der Welt vor einem Klimanotstand".[2] In dem Aufsatz heißt es zu Beginn: „Wissenschaftler haben die moralische Verpflichtung, die Menschheit deutlich vor einer katastrophalen Bedrohung zu warnen und die Dinge so darzustellen, wie sie sind ... Auf der Grundlage dieser Verpflichtung ... erklären wir zusammen mit mehr als 11 000 Wissenschaftlern aus der ganzen Welt, klar und eindeutig, dass der Planet Erde vor einem Klimanotstand steht."

Die Dinge so darzustellen, wie sie sind, war die Triebfeder, die mich dazu veranlasst hat, dieses Buch zu schreiben. Der Umgang der Menschheit mit der Klimaproblematik ist völlig unakzeptabel. Es wird viel über das Thema geredet und diskutiert, sowohl auf den zahllosen Gipfeltreffen auf höchster politischer Ebene als auch in den Medien wie zum Beispiel in Talkshows. Verantwortung für die Begrenzung der Erderwärmung möchte aber kaum jemand übernehmen. Die Staatengemeinschaft handelt trotz großspuriger Versprechungen so gut wie überhaupt nicht, um eine Klimakatastrophe zu verhindern, obwohl es die vornehmste Aufgabe der Weltpolitik wäre, genau darauf hinzuarbeiten. Große Teile der Wirtschaft sind nur auf schnelle Gewinne aus. Ihre kurzfristigen Interessen gefährden das Wohlergehen der Menschheit. Und für viele Bürgerinnen und Bürger, gerade in den Industrieländern und somit auch in Deutschland, scheint das Thema doch irgendwie weit weg zu sein, zumindest, wenn man es an deren Verhalten misst. Ich wünschte mir, es wäre anders und die Welt hätte schon längst begriffen, dass es bei der Klimaproblematik um nichts weniger als die Zukunft der Menschheit geht. Ich wünschte mir, dass man nicht wieder und wieder auf die Faktenlage hinweisen müsste. Die Zahlen sprechen schon lange eine unmissverständliche Sprache. So ist die Menge von Treibhausgasen in der Atmosphäre auf einem Niveau angelangt, wie es seit Jahrmillionen nicht der Fall gewesen ist. Allein dieser Sachverhalt müsste die Menschheit in Alarmstimmung versetzen und zu kraftvollem Handeln bewegen. Stattdessen schiebt sie das Problem auf die lange Bank, Jahr für Jahr und Jahrzehnt für Jahrzehnt. Morgen ist heute, um mit den Worten von Martin Luther King Jr. zu sprechen. Und in der Tat sind wir mit der heftigen Dringlichkeit von heute konfrontiert, wie er gesagt hatte. Viele Menschen leiden bereits unter der Erderwärmung und ihren Folgen. Das Zeitfenster schließt sich, um eine dramatische Klimaveränderung zu vermeiden, eine Veränderung, die die Menschheit mit dieser Wucht noch nicht getroffen hat.

Der amerikanische Schriftsteller Jonathan Franzen fragt in seinem gleichnamigen Buch: „Wann hören wir auf, uns etwas vorzumachen?" Franzen ist davon überzeugt, dass der Kampf gegen die Klimakatastrophe verloren ist.[3] Entsprechend lautet der Untertitel des Buches: „Gestehen wir uns ein, dass wir die Klimakatastrophe nicht verhindern können." Jahrzehnte seien verstrichen, ohne dass die Menschheit bei der Begrenzung der Erderwärmung erfolgreich gewesen wäre. Für eine Klimarettung sei es jetzt schlicht zu spät, weil Politik und Wirtschaft von Haus aus viel zu träge agieren. Und auch die Klimaaktivisten sollten sich eingestehen, so Franzen, dass das Klima nicht mehr zu retten ist. Wenn man sich alle relevanten Parameter ansieht, dann sieht es tatsächlich danach aus, als sollte Jonathan Franzen recht behalten.

Es sträubt sich aber alles in mir, mich Franzens Hauptthese anzuschließen. Die Klimamodelle berechnen, dass es – zumindest theoretisch – immer noch mit sehr hoher Wahrscheinlichkeit möglich wäre, eine Klimakatastrophe zu verhindern. Wie aber eine Klimarettung konkret aussehen würde, ist nur schwer zu definieren; auf jeden Fall würde sie drakonische Maßnahmen erfordern. Diese würden auch neue Chancen eröffnen und den Wohlstand auf der Welt keineswegs gefährden. Ganz im Gegenteil. Viele Menschen könnten aus der Armutsfalle befreit werden. Es gibt aber auch Unwägbarkeiten, vielleicht ist es tatsächlich schon zu spät, um eine Klimakatastrophe zu verhindern. Möglicherweise hat die Menschheit schon Prozesse in Gang gesetzt, die man nicht mehr stoppen kann und die uns in eine Superwarmzeit, in eine Heißzeit, befördern werden. Die Wahrscheinlichkeit für dieses Szenario ist zum Glück gering. Und solange es nicht erwiesen ist, dass wir für die Klimarettung keine Option mehr haben, möchte ich die Hoffnung nicht aufgeben, dass die Menschheit doch noch die Kurve bekommt. Es gibt unzählige Menschen, die sich für den Klimaschutz engagieren und ihn Tag für Tag praktisch umsetzen. Ich hoffe, dass sich daraus eine Bewegung entwickelt, die so viel Druck auf Politik und Wirtschaft ausüben wird, dass den Worten endlich Taten folgen. Die Zivilgesellschaft kann der Schüssel dafür sein, dass die Menschheit doch noch den Weg in eine nachhaltige Zukunft findet. Es wäre verrückt, wenn erst Katastrophe auf Katastrophe die Menschheit heimsuchen müsste.

Der extrem heiße und nicht enden wollende Sommer 2018 mit seinen zahlreichen Wetterrekorden hat in Deutschland die Debatte über den Klimawandel neu belebt. So hatte die Gesellschaft für deutsche Sprache „Heißzeit" als das Wort des Jahres 2018 gewählt.[4] In der Begründung heißt es: „Sie[5] thematisiert nicht nur einen extremen Sommer, der gefühlt von April bis November dauerte. Ebenfalls angedeutet werden soll eines der gravierendsten globalen Phänomene des frühen 21. Jahrhunderts, der Klimawandel ... Mit der lautlichen Analogie zu Eiszeit erhält der Ausdruck über die bloße Bedeutung ‚Zeitraum, in dem es heiß ist' hinaus eine epochale Dimension und verweist möglicherweise auf eine sich ändernde Klimaperiode." Diese Worte treffen den Nagel auf den Kopf. Und genau deswegen habe ich das Wort „Heißzeit" als Titel für dieses Buch gewählt, weil eine ungebremste Erderwärmung in der Tat eine Klimaveränderung epochaler Dimension wäre, einzigartig in der Geschichte der Menschheit, die sie vor kaum zu bewältigende Herausforderungen stellen würde.

Heerscharen von Wissenschaftlerinnen und Wissenschaftlern weisen seit Jahrzehnten in unzähligen wissenschaftlichen Publikationen auf die Möglichkeit einer gefährlichen Überhitzung der Erde hin. Die Anzeichen für den nahenden Klimakollaps sind unübersehbar, sei es in Form steigender atmosphärischer Treibhausgaskonzentrationen, steigender Temperaturen oder steigender Meeresspiegel. Die Menschheit verschließt die Augen vor den Alarmzeichen. Seit der Weltklimarat IPCC[6] 1990 seinen ersten Bericht vorgelegt und vor einer massiven globalen Erwärmung gewarnt hatte, sind die weltweiten Kohlendioxidemissionen um über 60 Prozent angewachsen. In dem Bericht des IPCC von damals heißt es: „Wir sind uns folgender Dinge sicher: Es gibt einen natürlichen Treibhauseffekt, durch den die Erde bereits wärmer ist, als es sonst der Fall wäre. Durch menschliche Aktivitäten verursachte Emissionen erhöhen die atmosphärischen Konzentrationen der Treibhausgase Kohlendioxid, Methan, Fluorchlorkohlenwasserstoffe (FCKW) und Lachgas erheblich. Diese Anstiege verstärken den Treibhauseffekt und führen im Durchschnitt zu einer zusätzlichen Erwärmung der Erdoberfläche. Das Haupttreibhausgas Wasserdampf wird als Reaktion auf die globale Erwärmung zunehmen und diese weiter verstärken."[7]

Genauso ist es gekommen. Während der letzten 30 Jahre hat sich der Planet ungewöhnlich stark erwärmt (Abb. 1). Die Erde würde sich, so heißt es in dem IPCC-Bericht von damals weiter, unter der Annahme eines Worst-Case-Szenarios für den Ausstoß von Treibhausgasen noch vor Ende des 21. Jahrhunderts um etwa vier Grad Celsius gegenüber der vorindustriellen Zeit[8] erwärmen, eine Projektion, die im Rahmen der Unsicherheiten immer noch Gültigkeit be-

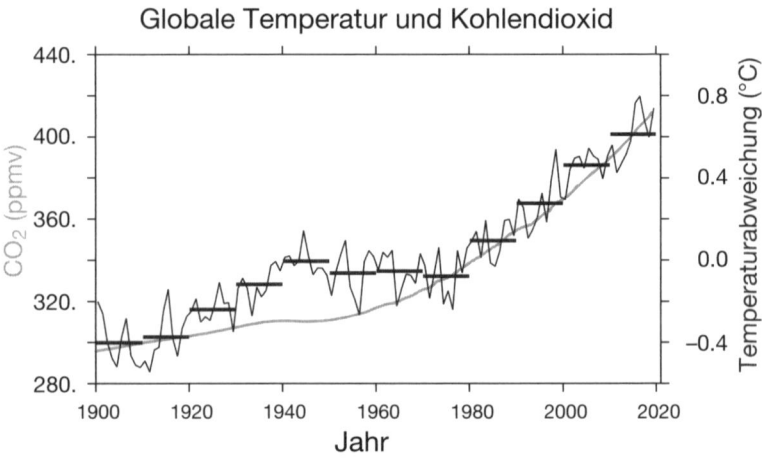

*Abb. 1: Die global gemittelten jährlichen Werte der Temperatur an der Erdoberfläche als Abweichungen gegenüber dem Referenzzeitraum 1961–1990 und die Dekaden-Mittelwerte (schwarze Balken) zwischen 1900 und einschließlich 2019 sowie die jährlichen Werte der Konzentration von Kohlendioxid ($CO_2$) in der Luft (grau; ppm: parts per million, Teile pro eine Million).*

sitzt. Im Allgemeinen wird der Zeitraum 1850 bis 1900 für die vorindustrielle Zeit verwendet. Etwas über ein Grad sind es bereits. Ein Erkenntnisproblem gibt es in der Wissenschaft schon lange nicht mehr; die Forschung hat schon vor Jahrzehnten ihre Bringschuld an die Gesellschaft erbracht.

Die globale Erwärmung steht seit vielen Jahren nicht nur im Fokus der Wissenschaft, sondern auch im Fokus der Medien. Es handelt sich also ganz und gar nicht um ein Problem, das quasi über Nacht über die Menschheit gekommen ist, obwohl Politik und Wirtschaft hin und wieder diesen Anschein zu erwecken versuchen. Das deutsche Nachrichtenmagazin *Der Spiegel* machte schon im August 1986 mit einem Titelbild auf, das in einer Fotomontage den Kölner Dom halb unter Wasser zeigte. Darunter stand in großen Lettern „Die Klima-Katastrophe" geschrieben.[9] Das Titelbild sollte den Anstieg der Meeresspiegel als Folge einer ungebremsten globalen Erwärmung und der daraus resultierenden Polschmelze symbolisieren. Der Anlass für das apokalyptische Titelbild des Magazins war eine Erklärung der Deutschen Physikalischen Gesellschaft vom Dezember 1985 gewesen, in der eindringlich vor einer drohenden Klimakatastrophe gewarnt wurde, sollte die Menschheit weiterhin riesige Mengen Treibhausgase in die Luft blasen.[10] Schon damals, vor über 30 Jahren, war die Beeinflussung des Klimas durch die Menschen in groben Zügen in der Wissenschaft erforscht und weit über die Klimaforschung hinaus bekannt. Danach erfuhr das öffentliche Interesse an der menschlichen Klimabeeinflussung viele Aufs und Abs. Insbesondere nach Wetterkatastrophen wie der Oderflut 1997 oder dem Hitzesommer 2003 nahmen sich die Medien des Klimathemas an, und viele Politikerinnen und Politiker bekräftigten dann auch pflichtgemäß die Dringlichkeit von Klimaschutzmaßnahmen. Es gab aber auch Phasen, in denen das Thema fast komplett aus dem Blickfeld der Öffentlichkeit geriet. So spielte die Klimathematik im Wahlkampf vor der Bundestagswahl 2017 so gut wie keine Rolle. Der Hitzesommer 2018 und die „Fridays for Future"-Bewegung haben das Klimaproblem wieder in den Fokus der Öffentlichkeit katapultiert. Im Moment aber steht völlig zu Recht die Bewältigung der Coronaviruskrise im Mittelpunkt des Interesses. Dabei gibt es durchaus Parallelen zwischen der gegenwärtigen Infektionswelle und der Klimakrise, die ich in diesem Buch diskutieren werde. Außerdem dürfen wir uns nicht der Illusion hingeben, dass andere Krisen wegen der Dramatik der gegenwärtigen Pandemie von allein verschwinden werden und dass sich die Menschheit Nachhaltigkeit für lange Zeit nicht mehr wird leisten können. Umgekehrt wird ein Schuh draus. Je mehr eine Gesellschaft auf Nachhaltigkeit setzt, umso höher ist ihre Widerstandsfähigkeit gegenüber plötzlich über sie hereinbrechende Krisen.

Die Klimakrise hat mit dem Ausstoß von Treibhausgasen durch die Menschheit zu tun, Gase die die Erdoberfläche aufheizen, wenn sie in die Atmosphäre gelangen. Dabei geht es vorrangig um das $CO_2$, das hauptsächlich bei der Verbrennung der fossilen Brennstoffe – Kohle, Öl, Erdgas und deren Derivate wie Benzin und Heizöl – in die Luft entweicht. Die weltweite Strom- und Wärmeproduktion wie auch der Verkehr basieren zum überwiegenden Teil auf den fossilen Energieträgern. Andere wichtige von der Menschheit ausgestoßene Treibhausgase sind Methan ($CH_4$) und Lachgas ($N_2O$), bei deren Freisetzung u. a. die Landwirtschaft eine gewichtige Rolle spielt. Es ist völlig unerheblich, wo die Treibhausgase in die Atmosphäre emittiert werden.

Sie können über Jahrzehnte und noch viel länger in der Luft verbleiben, verteilen sich mit den Winden um den Erdball und kennen somit keine Ländergrenzen. Damit ist die Begrenzung der Erderwärmung der Lackmustest für die Weltpolitik. Weder China noch die USA, Europa oder Deutschland für sich allein können das Klimaproblem lösen. Alle Länder sitzen im selben Boot. Handelt die Menschheit nicht schnell und konsequent, könnte der Planet tatsächlich sein lebensfreundliches Antlitz verlieren. Der frühere amerikanische Präsident Barack Obama zitierte anlässlich der Eröffnung der 21. Weltklimakonferenz 2015 in Paris den Bürgerrechtler Martin Luther King Jr. mit den Worten, dass es so etwas gäbe wie zu spät zu kommen.[11] Präsident Obama fügte hinzu: „Und wenn es um den Klimawandel geht, ist diese Zeit schon fast gekommen."[12]

Die Staatengemeinschaft hat sich 2015 mit dem Pariser Klimaabkommen[13] darauf verständigt, die Erderwärmung auf „deutlich unter zwei Grad gegenüber der vorindustriellen Zeit" zu begrenzen. Außerdem möchten die Länder Anstrengungen unternehmen, um den globalen Temperaturanstieg sogar auf 1,5 Grad über dem vorindustriellen Niveau zu begrenzen. Dies kommt einer wahren Herkulesaufgabe gleich, beträgt die Erderwärmung schon jetzt etwas mehr als ein Grad. Die Einhaltung der Pariser Klimaziele könnte sogar noch schwieriger sein, als man noch vor ein paar Jahren gedacht hatte, weil sich bestimmte Entwicklungen beschleunigt zu haben scheinen.[14] Um die Ziele des Pariser Klimaabkommens einzuhalten, wäre auf jeden Fall, das versteht sich von selbst, ein schnelles und couragiertes Handeln der Länder nötig. Die 25. Weltklimakonferenz in Madrid 2019, auf der es um die Umsetzung des Pariser Klimaabkommens ging, ist krachend gescheitert. „Mal wieder" ist man geneigt zu sagen. Von der Konferenz ging ein

Signal der Uneinigkeit aus. Mächtige Länder wie die USA, Brasilien, Australien oder Saudi-Arabien wollen nichts von Klimaschutz wissen – für sie zählen nur die kurzfristigen wirtschaftlichen Interessen, während die tiefliegenden Inselstaaten, die schon heute wegen der steigenden Meeresspiegel in ihrer Existenz bedroht sind, verständlicherweise endlich Taten sehen wollen. Gründe, warum die Umsetzung des Pariser Klimaabkommens nicht gelingt, mag es viele geben. Einige werde ich in diesem Buch aufgreifen. Dem Klima sind die Gründe egal. Die Gesetze der Physik diktieren, dass sich die Erde im Falle weiter steigender atmosphärischer Treibhausgaskonzentrationen immer stärker erwärmen wird – mit zum Teil nicht mehr beherrschbaren Folgen, wie noch nie dagewesene extreme Wetterereignisse, einem Anstieg der Meeresspiegel um viele Meter oder dem Kollaps von Ökosystemen zu Land und in den Meeren mit unabsehbaren Folgen für die Welternährung.

Die Menschheit ist bis heute unfähig, dem Klimaproblem wirksam zu begegnen, obwohl die Veränderungen immer offener zutage treten. Es ist daher völlig unverständlich, dass trotz der nicht mehr zu übersehenden Warnsignale und des seit vielen Jahren bestehenden Konsenses in der Wissenschaft, wonach die Menschheit die Hauptursache der Erderwärmung ist, die weltweiten anthropogenen[15] Treibhausgasemissionen immer noch steigen. Es droht im wahrsten Sinne des Wortes eine Heißzeit, ein Klima mit Temperaturen auf der Erdoberfläche, die weit über denen liegen würden, die die Menschheit jemals während ihrer langen Geschichte erlebt hat, mit Verhältnissen, an die man sich nicht mehr wird anpassen können. Wenn es so käme, würde die Menschheit völliges Neuland betreten. Was dies für die Menschheit und für die Natur in allen Einzelheiten bedeuten würde, ist nur schwer vorherzusagen. Das Erdsystem ist äußerst komplex und zumindest zum Teil buchstäblich unberechenbar. Zum ersten Mal, seit es Leben auf der Erde gibt, existiert aber mit den Menschen eine Spezies, die imstande wäre, auf dem Planeten ein globales Desaster anzurichten, sollte sie fortgesetzt große Mengen Treibhausgase in die Luft pusten.

Sind wir also auf dem Weg in die Klimakatastrophe, die die Deutsche Physikalische Gesellschaft schon vor über 30 Jahren thematisiert hatte? Dieses Buch will die Diskussion über die Klimaproblematik auf eine wissensbasierte Ebene zurückführen. Dabei geht es weder um Verharmlosung noch um Panikmache. Die Fakten sprechen für sich. Die ungeschönte Darstellung des wissenschaftlichen Kenntnisstands in Sachen Klimaveränderung scheint aus meiner Sicht wichtiger denn je zu sein, denn das Thema wird mehr und mehr zum Spielball wirtschaftlicher und auch politischer Interessen. Das Klimaproblem spaltet inzwischen Gesellschaften, was keine guten Voraussetzungen für seine Lösung schafft. Die physikalischen, chemischen und biologischen Prozesse hinter dem anthropogenen Klimawandel sind kompliziert, die Grundprinzipien, die zur Erderwärmung führen, aber auch Nichtwissenschaftlern verständlich zu vermitteln. Dies möchte ich versuchen.

Da gibt es jedoch das Störfeuer der sogenannten Klimaskeptiker oder Klimaleugner, die den menschlichen Einfluss auf das Klima bezweifeln oder kleinreden und denen es gelingt, einen nicht geringen Teil der Bevölkerung in vielen Ländern der Erde davon zu überzeugen, dass die Menschen gar nicht imstande seien, das Klima nennenswert zu beeinflussen. Dabei erfahren die Klimaskeptiker Unterstützung aus Teilen der Politik und der Wirtschaft. Eine Strategie der Klimaskeptiker besteht darin, Nebelkerzen in Form von Desinformation zu zünden. Es reicht leider aus, wenn man Menschen pausenlos mit falschen Behauptungen bombardiert, damit sie beginnen, die grundlegenden Ergebnisse der Wissenschaft anzuzweifeln. Was aber treibt die Klimaskeptiker? Es gibt dafür mehrere Gründe, auf die ich eingehen werde. Oftmals verbergen sich große Konzerne hinter den Organisationen, die die klimaskeptischen Argumente lautstark in die Öffentlichkeit tragen. Kurzum: Es handelt sich um Lobbyarbeit im schlechtesten Sinne, einen unlauteren Wettbewerb, um die wirtschaftliche Vormachtstellung derjenigen Konzerne zu zementieren, die ihr Geschäftsmodell auf fossile Energien ausgelegt haben und die damit verbundene Klimaänderung billigend in Kauf nehmen.

Das Buch thematisiert, warum es nach vielen Jahren mühsamer Klimakommunikation und zäher politischer Verhandlungen immer noch keine Fortschritte beim internationalen Klimaschutz gibt. Ich muss es so deutlich sagen: Aus naturwissenschaftlicher Sicht existiert so gut wie kein Klimaschutz. Das klingt hart, ist vielleicht auch ungerecht gegenüber den vielen Menschen, die sich tagtäglich für den Klimaschutz einsetzen und ihn praktizieren. Ihnen gebührt meine aufrichtige Hochachtung. Solange aber der Anteil der Treibhausgase in der Atmosphäre mit einer unfassbar großen Geschwindigkeit Jahr für Jahr immer neue Höhen erklimmt, muss man konstatieren, dass die heute an den Schalthebeln der Macht sitzende Generation entweder unfähig ist oder schlicht versucht, das Problem auszusitzen. Lösungswege zur Bewältigung des Klimaproblems existieren schon lange. Es sind in erster Linie die erneuerbaren Energien, die uns aus der Klimakrise führen können. Sonne, Wind oder Erdwärme und andere saubere, nichtfossile Energiequellen sind im Überfluss auf dem Planeten vorhanden und könnten spielend den Energiehunger der Welt stillen, ohne die Umwelt über Gebühr zu belasten. Technisch wäre dies überhaupt kein Problem und innerhalb weniger Jahrzehnte umsetzbar. Die notwendigen Investitionen könnte die Finanzwirtschaft spielend zur Verfügung stellen. An Geld mangelt es der Welt wahrlich nicht, wie Corona gezeigt hat. Die Menschheit muss es nur wirklich wollen, einen entsprechenden Plan entwickeln und ihn konsequent und zügig umsetzen.

Eines muss man sich vor Augen führen. Die Verschlechterung der Lebensbedingungen auf der Erde durch den fortschreitenden Klimawandel geschieht ohne jeden rationalen Grund. Denn die Erderwärmung ist schließlich alles andere als ein unausweichliches Schicksal, dem die Menschheit nicht entrinnen kann. Sie ist die Folge von Ignoranz und Egoismus, der ungezügelten Gier nach immer mehr Macht, Geld und Besitz sowie der grenzenlosen Respektlosigkeit der Menschheit gegenüber der Natur. Es gäbe viel überzeugendere Möglichkeiten für die Menschheit, auf der Erde zu leben, in Wohlstand und ohne den Planeten so lange auszubeuten, bis nichts mehr aus ihm herauszupressen ist. Ohne das Klima immer weiter aufzuheizen und dadurch die Land- und Meeresökosysteme zu gefährden, von denen die Menschheit schließlich selbst abhängig ist. Die Umkehr in diese andere und selbstverständlich auch bessere Welt muss schnellstens erfolgen. Denn es gibt eine unumstößliche Wahrheit: Wir haben nur diese eine Erde; es gibt keinen Planeten B.

Stellen Sie sich vor, dass Sie, liebe Leserinnen und Leser, ohne Not ihr Heim in Schutt und Asche legen würden, obwohl Ihnen keine andere Bleibe zur Verfügung steht. Man denkt sofort, dass niemand auf eine solch törichte Idee kommen könnte. Was würde das Zerstören des eigenen Domizils für einen Sinn ergeben? Natürlich überhaupt keinen. Wir selbst behandeln selbstverständlich unser eigenes Zuhause mit aller Sorgfalt, damit es nicht zu Schaden kommt. Betrachtet man aber die globale Skala, d. h. die Menschheit insgesamt, stellen sich die Dinge auf einmal völlig anders dar. Wir leben in einer auf natürliche Art und Weise global vernetzten Welt. Und genau hierin liegt ein riesiges Problem. Die Luftströmungen verteilen Klimagase wie $CO_2$[16] buchstäblich in Windeseile rund um den Globus. Diese Gase, die die Menschen in relativ begrenzten Gebieten in die Luft emittieren, ändern deswegen das Klima überall auf der Welt und damit auch weit entfernt von ihrer Freisetzung. Die Meeresströmungen sind ein anderes Beispiel. Sie verteilen den Plastikmüll über den Weltozean und vieles mehr, was die Menschen in die Meere kippen. Die Handlungen der Menschen in einer Region beeinflussen die Umweltbedingungen nicht nur in der Region selbst, sondern haben Auswirkungen überall auf der Welt. Wir nehmen es aber nicht wahr. Solange die Weltbevölkerung klein gewesen ist, waren die globalen Auswirkungen vernachlässigbar, selbst wenn sich die Menschen nicht umweltgerecht verhalten hatten. Wenn sehr viele Menschen die Erde bevölkern, dann kann ihr summarischer Einfluss zur Belastungsprobe für den Planeten und zu einer Gefahr für alle Menschen werden, und natürlich auch für die Pflanzen- und Tierwelt, kurzum für alles Leben. Ernst Ulrich von Weizsäcker unterscheidet die „Leere Welt" und die „Volle Welt".[17] Viele Konzepte für unser Handeln und für die Zukunft stammen aus der Leeren Welt. Diese Konzepte sind jedoch nicht auf die Volle Welt übertragbar, in der wir heute leben. Und genau das ist der Kern der globalen Umweltprobleme, von denen das Klimaproblem eines der gravierendsten ist und der Gegenstand dieses Buches.

Warum führt wissenschaftliche Erkenntnis nicht zum Handeln? Diese Frage treibt mich seit Jahren um. Ist es die den Menschen innewohnende Hybris? Glaubt die Menschheit tatsächlich, dass sie der Natur überlegen ist und sich alles auf der Erde erlauben darf, ohne dafür irgendwann einen Preis zahlen zu müssen? Oder ist es der feste Glaube der Menschen an den technologischen Fortschritt, mit dem man alle Krisen wird meistern können? Nach dem Motto: „Uns wird schon etwas einfallen." Beim Atommüll hat diese Strategie ja schon vorzüglich „geklappt" ... Will die Menschheit wirklich Gefahr laufen, so zu enden wie Belsazar,[18] der Regent von Babylon, dem eine geheimnisvolle Schrift an der Wand erschien, das Menetekel, die seinen nahen Tod und den Untergang seines Reichs prophezeite, und der am Ende seinem eigenen Übermut zum Opfer fiel? Will die Menschheit sehenden Auges, die Fakten ignorierend, ins Verderben stürzen? Was ist aus dem Homo sapiens geworden? Das einzige Lebewesen auf der Welt, das Zusammenhänge erkennt und vernunftgesteuert handelt. Will die Menschheit wirklich mit Vollgas in die Klimakatastrophe hineinsteuern? Im Moment sieht es ganz danach aus. Ich werde in diesem Buch eine Reihe von möglichen Gründen diskutieren, die die Untätigkeit der Menschheit gegenüber der Klimaproblematik erklären können. Dabei ist mir selbstverständlich klar, dass dies meine ganz persönliche Sicht der Dinge ist und von vielen nicht geteilt werden wird. Es ist schlicht der Versuch, die Klimakrise in gesellschaftliche Entwicklungen einzubetten, um daraus Möglichkeiten abzuleiten, wie die Blockade beim globalen Klimaschutz gelöst werden könnte.

Die Stabilisierung des Weltklimas auf einem Niveau, das die lebensfreundlichen Bedingungen auf der Erde bewahrt, erfordert nicht nur ein Umdenken in allen Sektoren der Weltwirtschaft, sondern vor allem auch in der Art und Weise, wie die Länder der Welt miteinander und mit den globalen Herausforderungen umgehen wollen, denen sich die Menschheit gegenübersieht. Wir stecken nicht „nur" in einer Klimakrise, sondern in einer Weltkrise. Institutionen wie die Vereinten Nationen sind zu zahnlosen Tigern mutiert, wenn sie denn jemals Zähne hatten. Internationale Verträge werden nicht eingehalten oder einseitig aufgekündigt. Verabredungen werden gebrochen, so wie nach der Libyen-Konferenz, zu der Bundeskanzlerin Merkel im Januar 2020 eingeladen hatte. Schon einen Tag, nachdem sich die Regierungschefs in die Hand versprochen hatten, keine Waffen mehr in das nordafrikanische Land zu liefern, ging der Rüstungsexport nach Libyen unvermindert weiter. Und schließlich greift der Nationalismus um sich. Der aber ist am allerwenigsten dazu geeignet, um globale Probleme wie die Klimakrise zu lösen. „America first" wird die Welt bei der Begrenzung der Erderwärmung nicht weiterbringen, sondern zurückwerfen.

Außerdem müssen sich insbesondere die Menschen in den reichen Ländern fragen, was für sie eigentlich Wohlstand bedeutet. Geht es ihnen ausschließlich um materielle Werte, wie es heute weitgehend der Fall ist? Oder zählen auch ideelle und kulturelle Werte zu den Kriterien für Wohlstand? Welche Rolle spielen Frieden, Gerechtigkeit, Zufriedenheit oder Glück im Wohlstandsbegriff? Könnte weniger nicht auch mehr sein? Müssen wir uns wirklich dem Konsumterror unterordnen? Zum Zeitvertreib „shoppen" gehen, obwohl man eigentlich gar nichts Neues benötigt? Ist die Wegwerfgesellschaft die erstrebenswerte Gesellschaftsform? Sollten wir uns nicht besser von den Scheinwerten wegbegeben – ich würde sagen, von ihnen befreien – und uns wieder auf die wahren Werte im Leben konzentrieren, die das Menschsein ausmachen? Ich vermisse diese gesellschaftliche Debatte schmerzlich. Sie ist aber unerlässlich, denn bei der Lösung der Umweltprobleme im Allgemeinen und der Klimakrise im Speziellen handelt es sich um eine gesamtgesellschaftliche Aufgabe, bei der sich niemand wegducken kann.

Mehr Macht, mehr Besitz, mehr Geld. Koste es, was es wolle. Selbst wenn der Preis die Umwelt ist. So lautet die Lebensmaxime vieler Menschen. Trotz der drohenden Klimakatastrophe wollen beispielsweise viele Deutsche nicht auf große Spritschlucker verzichten, um mobil zu sein, obwohl es, zumindest in Städten, keinen vernünftigen Grund für das Fahren der PS-starken Automobile gibt. Erstmals wurden 2019 etwas mehr als eine Million SUVs[19] und Geländewagen neu zugelassen, was einer Steigerung von 18 Prozent gegenüber dem Vorjahr entspricht. Ihr Marktanteil liegt inzwischen bei über 30 Prozent.[20] Der Boom hat sich für die deutschen Automobilkonzerne durchaus bezahlt gemacht, die in den letzten Jahren durch den Verkauf der Riesenschlitten formidable Gewinne einfahren konnten. Die Werbemaschinerie der Automobilkonzerne läuft auf Hochtouren und verspricht den Menschen Glücksmomente durch den Kauf eines der fahrenden Ungetüme. Gesetzliche Regelungen, um dem Wahnsinn im Verkehrssektor Einhalt zu gebieten? Fehlanzeige. Die Lobbyarbeit der Autohersteller funktioniert bei der Politik wie geschmiert. Tempolimit? Nein danke. Ein Anruf der Regierungschefin in Brüssel, um schärfere Abgaswerte zu verhindern? Ja bitte. Und schließlich können Betrügereien deutscher Automobilhersteller bei den Abgaswerten wegen ihrer Kungeleien mit dem Kraftfahrtbundesamt, das dem Bundesverkehrsministerium untersteht, im Gegensatz zu den USA, hierzulande so gut wie nicht geahndet werden. Es scheint geradezu so, als wenn die Automobilindustrie in Deutschland machen kann, was sie will. Und dies ist ein Grund dafür, dass sich die deutschen $CO_2$-Emissionen im Verkehrssektor immer noch etwa auf dem Stand von 1990 befinden, während sie in anderen Sektoren deutlich gesunken sind. Natürlich wird Deutschland durch kleinere oder weniger Autos das Weltklima nicht retten können. Die Vorgänge rund um die Automobilwirtschaft zeigen aber Zusammenhänge auf, wie zum Beispiel die enge Verflechtung zwischen Wirtschaft und Politik, die man kritisch hinterfragen muss, wenn es um die Lösung von Umweltproblemen geht.

Außerdem wollen uns einige skrupellose Konzerne ein ums andere Mal weismachen, dass die verschwenderische Art, mit der wir auf der Erde leben, gar nicht zulasten der Umwelt gehe. Dabei schrecken sie vor kaum etwas zurück. Einer dieser Konzerne ist der Mineralölkonzern Exxon, von dem weiter unten noch die Rede sein wird. Exxon wusste nachgewiesenermaßen durch eigene Forschung bereits vor Jahrzehnten über das Problem der Erderwärmung durch mehr $CO_2$ in der Atmosphäre Bescheid. Exxon-Wissenschaftler hatten schon frühzeitig Berechnungen zum zukünftigen $CO_2$- und Temperaturanstieg durchgeführt, die sich im Nachhinein als ziemlich treffsicher erwiesen haben. Die Kenntnis der Forschungsergebnisse aus dem eigenen Haus hielt aber den Konzern nicht davon ab, millionenschwere Kampagnen gegen die Klimaforschung zu fahren, um deren Arbeitsweise und Ergebnisse zu diskreditieren. Korrupte Politiker, insbesondere in den Reihen der Republikanischen Partei der USA, waren dem Konzern auf dieser Lügentour behilflich.

Darüber hinaus greift der Marktradikalismus um sich. Berauscht vom unheilvollen Gedanken des ewigen Wachstums in einer globalisierten Welt ohne Regeln wollen die Verfechter des Marktradikalismus alles den Gesetzen des Marktes unterordnen. In so einer ökonomisierten Welt gilt jedoch das Recht des Stärkeren. Einige multinationale Konzerne besitzen inzwischen eine nicht mehr vertretbare Machtfülle. Sie bestimmen, wo es langgeht. Getan wird, was Rendite verspricht. Steuern werden von ihnen kaum noch gezahlt. Die Menschlichkeit und der Gedanke der Nachhaltigkeit sind vielen Konzernen heute fremder denn je. Wie kann es zum Beispiel angehen, dass die großen Pharmaunternehmen so gut wie keine neuen Antibiotika mehr entwickeln,[21] obwohl die Arzneien so dringend wegen der zunehmenden Resistenzen benötigt werden? Wieso kommt es immer häufiger zu Engpässen bei Standardmedikamenten? Weil es sich für die Pharmakonzerne finanziell nicht lohnt, Vorsorge zu treffen, für den Fall, dass Produktionsstätten in Billiglohnländern ausfallen.

In der heutigen Zeit gilt das unsägliche Prinzip der Gewinnmaximierung. Hier muss die Politik eingreifen. Sie ist für die Menschen da und nicht für die Gewinne von Konzernen zuständig. Das Arbeitsplatzargument ist ein Totschlagargument, es verhindert Innovation und *gefährdet* langfristig Arbeitsplätze. Die zunehmende Ungerechtigkeit auf der Welt und die wachsenden Umweltprobleme sind Symptome dafür, dass das gegenwärtige Wirtschaftssystem zu sehr den Gesetzen des Marktes gehorcht. Ohne eine Korrektur wird die Weltwirtschaft in der gegenwärtigen Form die Menschheit in den Abgrund reißen. Die Weltpolitik muss sich endlich dieser Situation bewusst werden und dagegen vorgehen. Vor allem muss sie entschieden gegen ihre schleichende Entmachtung durch die Wirtschaft vorgehen, die sie selbst einst durch die Abschaffung von Regeln gefördert hatte. Freihandel ist gut, aber nicht, wenn er zulasten von sozialen und Umweltstandards geht. Alle Regierungen der Welt müssen sich gemeinsam vehement gegen den Machtverlust der Politik stemmen. Leider beobachten wir in vielen Ländern das Aufkommen nationalistischer Strömungen, was es nicht leichter macht, international koordiniert zu handeln.

Am Beispiel der Klimakrise lässt sich verdeutlichen, wie hilflos die internationale Politik agiert. Sie kann offensichtlich den Fängen der fossilen Industrie nicht entkommen – oder zumindest nicht schnell genug. Beleg dafür ist, dass der weltweite Verbrauch von fossilen Brennstoffen unaufhörlich steigt, was unweigerlich mit höheren $CO_2$-Emissionen verbunden ist. In der Folge erhöhen sich die atmosphärischen $CO_2$-Konzentrationen und verursachen steigende Temperaturen. Die Erwärmung ist nicht nur messbar, sondern auch schon für viele Menschen spürbar, zum Beispiel durch stärkere Wetterextreme oder die steigenden Meeresspiegel. Die Welt steckt mitten im Klimawandel. Darüber muss man nicht mehr diskutieren. Das hätte nicht so sein müssen, wenn die Menschheit frühzeitig umgesteuert hätte. Saubere Energieformen wie Sonne oder Wind stehen der Menschheit seit jeher unbegrenzt zur Verfügung. Wenn es eines auf der Erde nicht gibt, dann ist es ein Energieproblem. Der Chemie-Nobelpreisträger Wilhelm Ostwald formulierte es vor über einem Jahrhundert so: „Wir sind gerade dabei, von einem unverhofften Erbe zu leben, das wir in Form fossiler Brennmaterialien unter der Erde gefunden haben. Dieses Material wird sich aufbrauchen. Dauerndes Wirtschaften ist allein über die laufende Energiezufuhr der Sonne möglich."[22]

Die erneuerbaren Energien sind zum Nulltarif zu haben – fossile Brennstoffe muss man für viel Geld kaufen. Aus diesem Grund sind die erneuerbaren Energien konkurrenzlos billig, insbesondere, wenn man die Subventionen für die konventionellen Energien mitberücksichtigt wie auch die durch sie verursachten Umweltschäden. Klimaschädliche Subventionen verzerren den Wettbewerb und behindern Innovation. Sie werden in Deutschland auf etwa 50 Milliarden Euro beziffert. Weltweit sind es bei konservativer Schätzung mindestens hundertmal mehr. Damit übersteigen sie die Finanzmittel, die zum Beispiel für Gesundheit ausgegeben werden. Doch gerade durch die Förderung von schmutziger Energie trägt die Bevölkerung gesundheitliche Schäden davon. Größer könnte ein Widerspruch nicht sein. Der deutsche Energiekonzern RWE verdient nach eigenen Angaben bei der Braunkohleverstromung 3 Cent pro Kilowattstunde. Die Gesundheits- und Umweltschäden schätzt das Umweltbundesamt auf 19 Cent pro Kilowattstunde. Große Solarkraftwerke können in Deutschland Solarstrom bereits für weniger als 5 Cent pro Kilowattstunde erzeugen, Strom aus Braunkohle kostet auch über 4 Cent.[23] Wenn es so etwas wie eine verkehrte Welt gibt, dann ist der Energiesektor ein geeignetes Beispiel.

Man müsste die erneuerbaren Energien aber intelligenter nutzen, als es heute der Fall ist, um deren unermesslich großes Potenzial im vollen Umfang auszuschöpfen. Dabei würden sowohl die Digitalisierung als auch die künstliche Intelligenz eine wichtige Rolle spielen. Auf jeden Fall erfordert eine intelligentere Nutzung der erneuerbaren Energien eine enge Verzahnung von Konsumenten und Energieerzeugung und somit eine stärkere Dezentralisierung der Energieversorgung. Es ergibt wenig Sinn, die erneuerbaren Energien in die alten, auf eine zentralisierte Energieversorgung ausgerichteten Netzinfrastrukturen zu zwängen. Die erneuerbaren Energien benötigen engmaschige und zugleich intelligente Stromnetze, sogenannte Smart Grids,[24] die Erzeugung, Speicherung und Verbrauch von Strom optimal miteinander kombinieren. Solche Netze werden die Betreiber in kurzen Abständen auch über Energieproduktion und -verbrauch informieren.

Mit diesem Buch möchte ich einerseits die Debatte über den globalen Klimawandel auf eine wissenschaftliche Basis zurückführen, was nach meinem Dafürhalten wichtiger denn je ist, und daraus die Dringlichkeit für umfassende Klimaschutzmaßnamen ableiten. Andererseits möchte ich aber auch mögliche Gründe diskutieren, warum es die Menschheit einfach nicht fertigbringt, vom Wissen zum Handeln zu kommen. Leider marschiert die Menschheit immer noch in die falsche Richtung. Und es gibt auch keine Anzeichen dafür, dass sich dies grundlegend ändert und die globalen Treibhausgasemissionen in den kommenden Jahren ihren Höhepunkt erreichen werden.[25] Jedes Jahr ohne eine Verringerung des Treibhausgasausstoßes bedeutet, dass danach noch schnellere und radikalere Reduzierungen erforderlich sein werden, um die Pariser Klimaziele nicht zu reißen. Irgendwann allerdings ist der Zug abgefahren, weil der Umbau in eine nachhaltige Weltwirtschaft Zeit erfordert und nicht von heute auf morgen zu schaffen ist. Außerdem würden sich die Erdtemperaturen selbst nach der Stabilisierung der atmosphärischen Treibhausgaskonzentrationen noch um mehrere Zehntel Grad erhöhen. Der Anteil der Treibhausgase in der Luft muss sinken, um eine weitere Erderwärmung zu vermeiden, was allein durch drastische Verringerungen der weltweiten Emissionen möglich sein wird, will die Menschheit nicht irgendwann auf unausgegorene technische Maßnahmen zur Entfernung von $CO_2$ aus der Luft oder zur Klimaregulierung zurückgreifen müssen.

Der weltweite Ausstoß von Treibhausgasen muss, spätestens bis zur Mitte des Jahrhunderts, auf netto null[26] sinken, bevor die Wahrscheinlichkeit extrem ansteigt, dass unumkehrbare Prozesse in Gang gesetzt werden, deren Folgen verheerend wären. Netto null bedeutet, dass alle anthropogenen Emissionen in die Atmosphäre durch gleich große Senken kompensiert werden müssen. Dieses ambitionierte Ziel wird nur dann zu erreichen sein, wenn sich Einzelinteressen dem Gemeinwohl unterordnen, auf der persönlichen Ebene, auf der Ebene der Unternehmen und auf der zwischenstaatlichen Ebene. Alle Bürgerinnen und Bürger müssen sich am Klimaschutz beteiligen und auch Lasten tragen, die selbstverständlich sozialverträglich ausgestaltet werden müssen. Breite Schultern müssen mehr Lasten tragen als schmale. Unternehmen müssen nicht jedes Geschäftsmodell bis zum Ende ausreizen, so wie es die deutschen Automobilkonzerne gerade tun. Und sie müssen auch nicht jedes Geschäft machen, selbst wenn dadurch „nur" indirekt die Umwelt belastet wird, wie jüngst der Siemens-Konzern. Siemens soll Technik für eine Bahn in Australien liefern, die Kohle transportiert.[27] Und schließlich muss man Staaten wie Norwegen, deren enormer Wohlstand auf der Förderung und dem Export von Öl und Gas fußt und die davon jahrzehntelang finanziell profitiert haben und es immer noch tun, ohne nennenswert für die Klimaschäden aufkommen zu müssen, klarmachen, dass sie Mitschuld an der Klimakrise tragen. Dies gilt auch für Australien, den weltweit größten Kohleexporteur. Die scheinbar glückliche Lage, in der sich all die befinden, die von den fossilen Energien profitieren, kann sich sehr schnell ins Gegenteil verkehren. Australien bekommt es schon zu spüren, worauf ich in einem eigenen Kapitel eingehen werde. Um es unmissverständlich auszudrücken: Um eine Heißzeit abzuwenden, müssten die verbliebenen fossilen Brennstoffe größtenteils in der Erde verbleiben.

Komplexe Systeme wie das Klimasystem oder zumindest einige seiner Teilkomponenten können fast ohne Vorwarnung kippen. Die Auswirkungen wären in vielen Fällen nicht mehr beherrschbar und würden die Welt aus dem Lot geraten lassen, ökologisch, ökonomisch, sozial und die Sicherheitslage auf der Erde betreffend. Die Welt würde im Chaos versinken. Gewinner würde es keine geben, nur Verlierer. Darüber sollten sich die im Klaren sein, die die Notwendigkeit von schnellen und tiefgreifenden Klimaschutzmaßnahmen bestreiten.

# Die Welt am Rande des Abgrunds

*Die Grenzen des Wachstums*

Die Klimakrise ist Teil eines übergeordneten Problems. Die Art der Menschheit, auf der Erde zu leben, ist nicht nachhaltig, d. h. ihr Lebensstil geht zu Lasten der nachfolgenden Generationen. Symptome dafür, dass sich die Menschheit auf einem schlechten Weg befindet, gibt es zuhauf. Der Rückgang der Artenvielfalt ist neben der Klimakrise ein weiteres Symptom. Unter allen Planeten in unserem Sonnensystem weist nur die Erde lebensfreundliche Verhältnisse auf ihrer Oberfläche auf, und deswegen vermochte nur sie es, Leben hervorzubringen. Leben in Hülle und Fülle, von Kleinstlebewesen wie dem Einzeller bis zum Blauwal, dem größten Lebewesen, das jemals auf der Erde gelebt hat. Viele Lebensformen sind bereits dem Treiben der Menschheit zum Opfer gefallen und unwiderruflich vom Planeten verschwunden. Auch der Klimawandel trägt zum Artensterben bei. Indirekt, weil er ein zusätzlicher Stressfaktor neben den vielen anderen für die Lebewesen ist. Und auch direkt. So könnten in nicht zu ferner Zukunft die tropischen Korallen Opfer der steigenden Temperaturen werden, weil sie sich an eine übermäßige Erwärmung des Meerwassers nicht werden anpassen können. Der Verlust an Biodiversität hat ein erschreckendes Ausmaß angenommen, mit einer in der Geschichte der Menschheit noch nie dagewesenen Aussterberate, was zunehmend auch ihr Wohlergehen gefährdet.[28] Das Bienensterben ist nur ein ganz kleiner Aspekt dieses globalen Problems. Schwamm drüber! The show must go on. Die

Menschheit könnte ganz anders auf der Erde leben. Und der überwiegende Teil der Weltbevölkerung würde dabei so viel gewinnen. Verzichten müssten nur die, die den blauen Planeten aus purem Eigennutz gnadenlos ausbeuten.

Die Menschheit wird das Klimaproblem nicht in Isolation lösen können. Sie muss den Weg in die Nachhaltigkeit finden. Dadurch würde man mehrere der drängenden Probleme auf einmal lösen, denen sich die Menschheit gegenübersieht. Der CLUB OF ROME[29] gilt als eine Art Urvater der modernen Nachhaltigkeitsforschung. Nachhaltig ist nach der Definition der sogenannten Brundtland-Kommission[30] aus dem Jahr 1987 eine Entwicklung, „die den Bedürfnissen der heutigen Generation entspricht, ohne die Möglichkeiten künftiger Generationen zu gefährden, ihre eigenen Bedürfnisse zu befriedigen und ihren Lebensstil zu wählen".[31] Der CLUB OF ROME ist ein loser Zusammenschluss von Experten verschiedener Fachrichtungen aus vielen Ländern. Er wurde 1968 vom italienischen Industriellen Aurelio Peccei und dem schottischen Wissenschaftler Alexander King gegründet. Die gemeinnützige Organisation setzt sich für eine nachhaltige Entwicklung der Menschheit ein und kann als eine Denkfabrik verstanden werden. Die Gruppe um Peccei und King erkannte, dass sich die Menschheit nicht nur auf einem schlechten Weg befindet, sondern auch, dass der technologische Fortschritt die gewaltigen Probleme, vor denen sie steht, nicht lösen könne, ein für die damalige Zeit geradezu revolutionärer Gedanke.

Der CLUB OF ROME definierte 1970 die Weltproblematik (World Problematique).[32] Sie ist ein Satz von komplexen Problemen politischer, sozialer, ökonomischer, technologischer, psychologischer, kultureller und die Umwelt betreffender Art, die die Lebensgrundlagen auf der

Welt langfristig bedrohen. Das Angehen der Weltproblematik und deren Lösung erfordern naturgemäß systemisches Denken, das zum Beispiel die komplexen Interaktionen zwischen Ressourcenverbrauch, Umwelt und Wirtschaft berücksichtigt. Der amerikanische Informatiker Jay Wright Forrester, ein Pionier der Informatik und der dynamischen Systemwissenschaften – er studierte damals mithilfe von Computersimulationen komplexe industrielle Probleme –, schlug den Mitgliedern des CLUB OF ROME vor, ihre Ideen mit einem Computermodell wissenschaftlich zu untermauern und die zukünftige Weltentwicklung unter Annahme bestimmter Szenarien zu simulieren. Der amerikanische Wirtschaftswissenschaftler Dennis Meadows wurde mit der Leitung eines entsprechenden Forschungsprojekts betraut, das die deutsche VW-Stiftung mit einer Million Mark finanzierte.[33]

Forrester und Meadows entwickelten ein Weltmodell, das vordergründig relativ einfach ist und auf nur fünf Parametern basiert: Bevölkerung, Nahrungsmittelproduktion, Industrialisierung, Verschmutzung und Verbrauch nicht erneuerbarer natürlicher Ressourcen. Die Interaktionen zwischen den fünf Größen wurden in Form mathematischer Gleichungen dargestellt, die mit einem Computerprogramm gelöst wurden. Mit dieser virtuellen Welt konnte man jetzt experimentieren, einzelne Faktoren verändern und sehen, welche Entwicklungen sich ergeben. Zum Zeitpunkt der Studie nahmen alle fünf Faktoren zu. Das Team um Forrester und Meadows war vor allem an der Möglichkeit einer nachhaltigen Weltentwicklung interessiert, die durch eine Veränderung der Wachstumstrends in den fünf Parametern erreicht werden sollte. Sie betrachteten Szenarien mit unterschiedlich hoch angesetzten Rohstoffvorräten der Erde oder mit unterschiedlicher Effizienz der landwirtschaftlichen Produktion, mit unterschiedlichen Geburten- und Sterberaten oder unterschiedlichen Verschmutzungsgraden. Bei solchen Rechnungen handelt sich um sogenannte Projektionen, weil die Ergebnisse von der Wahl des Szenarios abhängen. Vorhersagen im engeren Sinne des Wortes waren die Computersimulationen des CLUB OF ROME nicht. Die Berechnungen lieferten jedoch wichtige Hinweise auf das Systemverhalten.

Vier Jahre nach seiner Gründung veröffentlichte der CLUB OF ROME 1972 die Ergebnisse der Computersimulationen in dem Bericht *Die Grenzen des Wachstums*.[34] Die Studie schlug ein wie eine Bombe und katapultierte den CLUB OF ROME schlagartig ins Scheinwerferlicht der Weltöffentlichkeit. Der Bericht wurde in 30 Sprachen übersetzt, und es wurden viele Millionen Exemplare der Studie verkauft. Die Studie stellte das Prinzip des unbegrenzten Wachstums infrage, welches vor Erscheinen des Berichts noch als allgemeingültig galt. Die Botschaft des CLUB OF ROME war so klar wie einleuchtend: „Wenn die gegenwärtige Zunahme der Weltbevölkerung, der Industrialisierung, der Umweltverschmutzung, der Nahrungsmittelproduktion und der Ausbeutung von natürlichen Rohstoffen unverändert anhält, werden die absoluten Wachstumsgrenzen auf der Erde im Laufe der nächsten hundert Jahre erreicht." Und es seien „ganz neue Vorgehensweisen" erforderlich, damit nicht „die Umwelt irreparabel zerstört oder die Rohstoffe weitgehend verbraucht würden".

Diese Botschaft ist aktueller denn je. In der Tat ist die Menschheit auf Kollisionskurs mit dem Planeten. Dies ist unübersehbar und wird weder von den meisten Politikern noch vom überwiegenden Teil der Wirtschaftseliten bestritten. Trotzdem schafft es die Menschheit nicht, die Umkehr in eine nachhaltige Lebensweise einzuleiten. Der enorme

Handlungsdruck wurde auf dem 50. Weltwirtschaftsforum 2020 in Davos überdeutlich. Die vorherrschende Meinung auf dem Forum war, dass die Menschheit über ihre Verhältnisse lebe, was die Lebensbedingungen auf der Erde und nicht zuletzt auch die Weltwirtschaft gefährde. Das Thema Klimawandel stand in Davos im Mittelpunkt der Diskussionen, und die Teilnehmer waren sich größtenteils einig, dass die Welt nicht genug für die Begrenzung der Erderwärmung tue. Einer, der sich dieser Sichtweise nicht anschließen wollte, war, nicht ganz überraschend, der amerikanische Präsident Donald Trump. Er beschimpfte lieber die Menschen, die sich für Klimaschutz einsetzen. Zum Glück spricht Trump nicht für ganz Amerika.

Die Organisation Global Footprint Network[35] berechnet mithilfe des ökologischen Fußabdrucks den sogenannten „Earth Overshoot Day",[36] den Erdüberlastungstag. Dieser ist ein Indikator für den Ressourcenverbrauch und die Auswirkungen menschlichen Handelns auf die Umwelt. Der Earth Overshoot Day fiel 2019 auf den 29. Juli. An diesem Tag waren schon die gesamten nachhaltig nutzbaren Ressourcen der Erde für das Jahr verbraucht, die der Weltbevölkerung rechnerisch zur Verfügung stehen. Damit hatte die Menschheit den Ökosystemen schon nach sieben Monaten mehr Holz, Pflanzen, Futtermittel oder Fisch entnommen, als während des Jahres generiert werden können. Hinzu kommen die Treibhausgase wie $CO_2$, von denen die Menschheit viel mehr in die Atmosphäre ausstößt, als auch nur ansatzweise von den natürlichen Kreisläufen aufgenommen werden können. Derzeit machen die $CO_2$-Emissionen aus der Verbrennung fossiler Brennstoffe ungefähr 60 Prozent des ökologischen Fußabdrucks der Menschheit aus. Die Folgen der Übernutzung des Planeten werden immer offensichtlicher. Dabei ist die globale Erwärmung „nur" ein Symptom unter vielen. Andere Symptome für den Mangel an Nachhaltigkeit sind der oben schon erwähnte Rückgang der Artenvielfalt, die Überfischung der Weltmeere, die Abholzung der Wälder, die Degradation der Böden, die wachsenden Müllberge auf dem Land oder die zunehmende Plastikflut in den Ozeanen. Zu den Symptomen zählt aus meiner Sicht ebenfalls das Auseinanderdriften von Arm und Reich in vielen Ländern.

Im Prinzip lebt die Weltbevölkerung so, als hätte sie 1,75 Erden zur Verfügung, stellt das Global Footprint Network fest. Da es nur die eine Erde gibt, leben die Menschen also auf Kosten der nachfolgenden Generationen. Der Earth Overshoot Day ist 2019 im Vergleich zu 2018 noch einmal um drei Tage nach vorne gerückt. Hierbei handelt es sich um einen langfristigen Trend, d. h. die Überbeanspruchung der Erde beschleunigt sich. Dies wird deutlich, wenn man die Entwicklung des Earth Overshoot Day über die Jahrzehnte verfolgt. Im Jahr 1987 fiel der Erdüberlastungstag noch auf den 19. Dezember. Durch das steigende Konsumniveau in den Industrie- und Schwellenländern sowie das schnelle Bevölkerungswachstum ist der Tag immer weiter nach vorne gerückt. Der deutsche Earth Overshoot Day 2019 war bereits am 3. Mai. Mehr als drei Erden wären nötig, wenn die gesamte Weltbevölkerung so leben würde wie die Bürgerinnen und Bürger hierzulande. Dabei ginge es den Menschen in den Industrieländern nicht schlechter, wenn sie weniger Energie und Rohstoffe verbrauchen würden.[37] Wir leben in einer Wegwerfgesellschaft. Weltweit landen etwa ein Drittel der produzierten Lebensmittel nicht auf dem Teller. In Deutschland werden in privaten Haushalten jedes Jahr ungefähr 6,7 Millionen Tonnen genießbares Essen weggeworfen. Damit entfallen auf jeden Bürger mehr als 80 Kilogramm.[38] Dabei ist vieles, was auf dem Müll landet, eigentlich noch genießbar. Dadurch werden lebenswichtige Ressourcen wie Ackerflächen und Wasser unnötigerweise verschwendet. Außerdem entstehen vermeidbare Treibhausgasemissionen. Was für ein Irrsinn!

Die internationale Politik hat 2015 mit dem Pariser Klimaabkommen auf den fortschreitenden anthropogenen Klimawandel reagiert. Zur Erinnerung: In dem Abkommen haben sich die Länder darauf verständigt, die Erderwärmung auf deutlich unter zwei Grad gegenüber der vorindustriellen Zeit zu begrenzen und Anstrengungen zu unternehmen, sie sogar auf 1,5 Grad zu begrenzen. Bisher beträgt die globale Erwärmung 1,1 Grad. In dem 2018 erschienenen Sonderbericht „1,5 °C globale Erwärmung" des Weltklimarats[39] (IPCC) heißt es: „Pfade, welche die globale Erwärmung … auf 1,5 °C begrenzen, würden schnelle und weitreichende Systemübergänge in Energie-, Land-, Stadt- und Infrastruktur- (einschließlich Transport und Gebäude) sowie in Industriesystemen erfordern. Diese Systemübergänge sind beispiellos bezüglich ihres Ausmaßes …"

Sowohl in dem Bericht *Die Grenzen des Wachstums* an den CLUB OF ROME, in dem die Erderwärmung noch keine Rolle spielte, als auch in dem Sonderbericht „1,5 °C globale Erwärmung" des IPCC kommt sehr klar zum Ausdruck, dass die Übernutzung der Erde durch die Menschheit schnellstens beendet werden muss, weil das Festhalten an der Plünderung des Planeten die Lebensbedingungen auf der Erde auf eine dramatische Art und Weise verschlechtern würde. Dazu ist eine radikale Abkehr von den heutigen Praktiken notwendig. Im Hinblick auf den Klimaschutz bedeutet dies u. a. einen weitgehenden Verzicht auf die fossilen Energien durch den Umbau der weltweiten Energiesysteme in Richtung der erneuerbaren Energien innerhalb der nächsten 30 Jahre. Dies beinhaltet auch eine völlig neue Verkehrsinfrastruktur. Die Menschheit steht bei der Bewältigung der Klimakrise vor einer wahren Herkulesaufgabe. Der Umbau der Weltwirtschaft wird außerdem dadurch gebremst, dass noch riesige Vorkommen an fossilen Brennstoffen in der Erde schlummern. Diese müssten größtenteils in der Erde verbleiben, was für die Besitzerländer Vernichtung von Vermögen bedeutet, weswegen sie überhaupt kein Interesse daran haben, die Reserven nicht zu fördern.

In seiner Umweltenzyklika *Laudato si*[40] thematisiert Papst Franziskus den Mangel an Nachhaltigkeit und beruft sich ausdrücklich auf die Wissenschaft. Sie sei das bevorzugte Instrument, über das wir die Schreie der Erde hören können. Papst Franziskus prangert den maßlosen Ressourcenverbrauch einiger weniger an, die mit ihrer Technologie die Welt beherrschen. Die Umweltzerstörung sei eine gewaltvolle Tat einer reichen Minderheit gegenüber einer armen Mehrheit. Das Klimaproblem ist aus seiner Sicht nicht nur ein Umwelt-, sondern auch ein Gerechtigkeitsproblem. Und es ist per Definition ein Generationenproblem. Deswegen sind die Schülerinnen und Schüler um die schwedische Klimaaktivistin Greta Thunberg zu Recht so aufgebracht und klagen die heute Verantwortung tragenden Personen in Politik und Wirtschaft an, dass sie der Umweltzerstörung nicht nur tatenlos zusehen, sondern sie sogar durch umweltschädliche Subventionen fördern.[41] Mit der Aktion „Fridays for Future" machen sie auf ihre missliche Situation aufmerksam, dass die jetzt an den Schalthebeln der Macht sitzenden Personen der Wissenschaft nicht zuhören und so gut wie nichts gegen die drohende Klimakatastrophe tun, während sie, die junge Generation, mit den Auswirkungen dieser Ignoranz wird leben müssen.

*Extremwetter*

Die Erdtemperatur ist in den letzten Jahrzehnten mit einer Geschwindigkeit angestiegen, die man nicht mit natürlichen Prozessen erklären kann. In einer wärmeren Welt häufen und intensivieren sich Wetterextreme. In Deutschland wurde dies 2018 deutlich. Für viele Menschen hierzulande war der lang anhaltende heiße Sommer mit seiner extremen Trockenheit ein einschneidendes Erlebnis gewesen, vielleicht sogar ein Schlüsselerlebnis. Auf einmal war etwas begreifbar geworden, das vorher zu abstrakt gewesen war: der durch die Menschheit verursachte Klimawandel in Form der Erderwärmung und was er für Deutschland in der Zukunft bedeuten könnte. Deutschland gehörte im Jahr 2018 erstmals zu den drei am stärksten von Extremwetter betroffenen Ländern der Welt. Das geht aus dem Klima-Risiko-Index[42] (KRI) hervor, den die Umwelt- und Entwicklungsorganisation Germanwatch alljährlich veröffentlicht. Der Klima-Risiko-Index zeigt, wie stark Länder von Wetterextremen wie Überschwemmungen, Stürmen, Hitzewellen usw. betroffen sind. Untersucht werden die menschlichen Auswirkungen, d. h. die Todesopfer, sowie die direkten ökonomischen Verluste. Der Index sagt jedoch nichts darüber aus, welchen Einfluss der Klimawandel bereits auf die Wetterextreme hatte. Er kann aber durchaus als Warnsignal verstanden werden. Nur Japan und die Philippinen waren 2018 noch stärker von Extremwetterereignissen betroffen als Deutschland. Insgesamt verzeichnete Deutschland 2018 Schäden durch Extremwetter in Höhe von rund 4,5 Milliarden Euro.

Abbildung 2 zeigt, wie außergewöhnlich der Sommer 2018 in Deutschland gewesen ist. Dargestellt sind in der Grafik die Abweichungen der Temperatur und der Nieder-

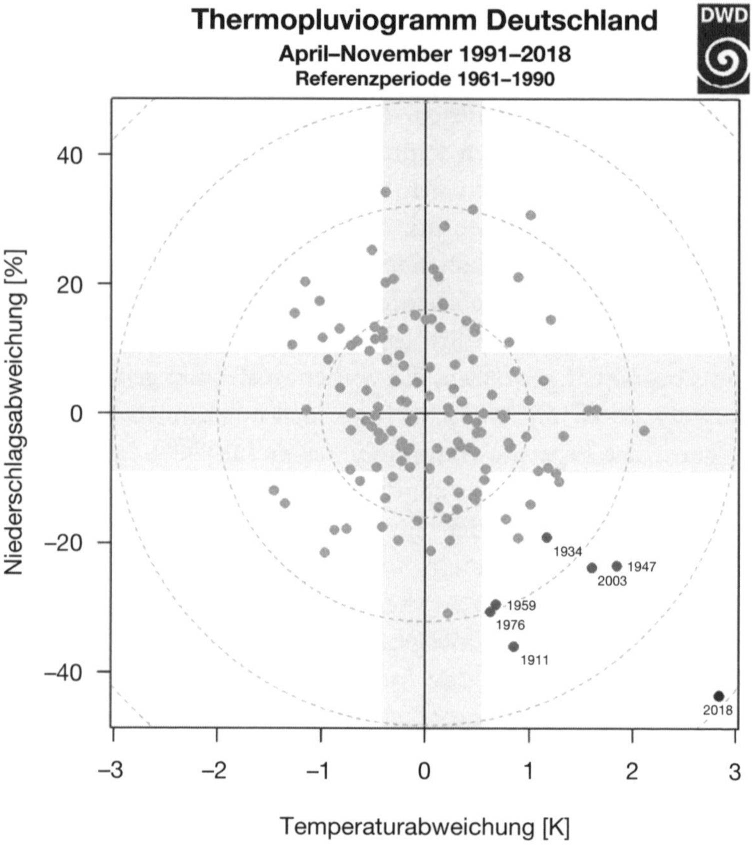

*Abb. 2: Jährliche Abweichungen der Temperatur und des Niederschlags gegenüber der international gültigen Referenzperiode 1961–1990 für den Zeitraum April bis November im Gebietsmittel von Deutschland. Grau hinterlegt ist der Bereich, in den im Mittel 50 Prozent der jeweiligen Werte fallen. Quelle: Deutscher Wetterdienst, 2019[43]*

schläge gemittelt über die Monate April bis einschließlich November seit Beginn der regelmäßigen Messungen 1881 gegenüber der international gültigen Referenzperiode 1961 bis 1990. Streng genommen handelt es sich bei den betrachteten Kalendermonaten nicht um den meteorologischen Sommer, der nur die Monate Juni bis einschließlich August umfasst. Der Einfachheit halber werde ich im Folgenden aber trotzdem von Sommer sprechen. Der Sommer 2018 ist in der Grafik mit einem schwarzen Punkt dargestellt und befindet sich unten rechts. Er war im Gebietsmittel von Deutschland mit großem Abstand der bisher wärmste und zugleich trockenste Sommer seit Beginn der regelmäßigen Wetteraufzeichnungen und hat selbst den vielen Menschen in Erinnerung gebliebenen Jahrhundertsommer 2003[44] weit in den Schatten gestellt, der in der Grafik auch mit einem der schwarzen Punkte im rechten unteren Quadranten gekennzeichnet ist. Gemittelt über die Monate April bis einschließlich November war es 2018 in Deutschland um fast drei Grad zu warm und die Niederschläge waren um etwa 40 Prozent niedriger.

So einen Sommer hat es seit Beginn der regelmäßigen Messungen noch nicht gegeben. Was 2018 so außergewöhnlich machte, waren die lang anhaltenden hohen Temperaturen gepaart mit extremer Trockenheit, die schon im Frühling begannen und bis in den Herbst andauerten. Die 40-Grad-Marke wurde 2018 allerdings nicht überschritten, und es wurde auch kein neuer Allzeittemperaturrekord aufgestellt. Dies passierte dann 2019. Der Verlauf eines Sommers kann sehr unterschiedlich sein. So war der Jahrhundertsommer 2003 hauptsächlich durch eine außergewöhnliche Hitzewelle im August geprägt gewesen.

Wetterextreme wie Dürren oder Starkregenereignisse nicht gekannter Intensität sind während der letzten Jahre in mehreren Regionen der Erde aufgetreten. Die Extreme haben viele Menschenleben gefordert, enorme volkswirtschaftliche Kosten verursacht und fanden hierzulande eine große Medienresonanz, auch wenn sie sich außerhalb

Deutschlands ereignet hatten. Der Klimawandel war aber trotzdem für viele Deutsche immer noch nicht greifbar. Die dramatischen Auswirkungen der Erderwärmung seien vielleicht irgendwo auf der Welt schon spürbar, ganz vereinzelt und in sehr begrenztem Ausmaß auch in Deutschland, so war oft zu hören. Aber solch katastrophale Wetterextreme wie andernorts würden bei uns in Deutschland nicht auftreten. Eines dieser katastrophalen Extremwetterereignisse ereignete sich 2017 in den USA, als der Hurrikan Harvey die texanische Millionenmetropole Houston großflächig unter Wasser gesetzt hatte. Noch nie zuvor hatte ein Hurrikan in den USA so viel Regen auf das Land niederprasseln lassen. In einigen Gebieten fielen über 1500 Millimeter (auf den Quadratmeter) Regen innerhalb von nur vier Tagen. Zum Vergleich: In Hamburg fallen typischerweise zwischen 700 und 800 Millimeter während eines gesamten Jahres. Der amerikanische Wetterdienst musste wegen Hurrikan Harvey die Farbskala auf seinen Niederschlagsbildern um eine Stufe erweitern, um die bis dahin für nicht möglich gehaltenen Regenmassen optisch sichtbar zu machen. Über 100 Todesopfer waren zu beklagen, zigtausende Menschen wurden obdachlos. In Deutschland hat man sich bis zum Sommer 2018 größtenteils sicher gefühlt: Extreme Wettersituationen, dachte man, würden hierzulande relativ leicht zu bewältigen sein. Wenn sie auftreten, könne die Lage nicht außer Kontrolle geraten, so wie es in Houston der Fall gewesen war. Deutschland würde der Klimawandel kaum etwas anhaben können. Was für ein Irrtum!

Im Sommer 2018 begriffen viele Menschen in Deutschland, was es bedeutet, wenn sich die Temperaturen auf dem Planeten immer weiter nach oben schrauben. 2018 war ein Jahr der Rekorde. In Frankfurt am Main hat man über 100 Sommertage gemessen – das sind Tage an denen die Temperatur mindestens 25 Grad[45] erreicht. Außerdem hat es in vielen Gegenden Deutschlands noch nie so viele heiße Tage mit Temperaturen von 30 Grad und darüber gegeben wie 2018. In einigen Landesteilen waren es weit mehr als 30 solcher Tage, die man auch als Hitzetage bezeichnet. Es fiel vielen Menschen sichtlich schwer, sich an die nicht enden wollenden extrem hohen Temperaturen zu gewöhnen; einige von ihnen bekamen große gesundheitliche Probleme. Hinzu kam die extreme Trockenheit, die es in diesem Ausmaß in vielen Teilen Deutschlands noch nie gegeben hatte. Wer hätte sich schon vor 2018 vorstellen können, dass man sich in Norddeutschland den Regen herbeisehnen würde? Staubtrockene Böden sorgten für gewaltige Einbußen bei Getreide- und Gemüseernten, ganze Felder verdorrten. Grünfutter, Heu und Stroh für das Milchvieh wurden knapp. Viele landwirtschaftliche Betriebe gerieten durch die Dürre in existenzielle Not. Der Schadensumfang wurde vom Bundesministerium für Ernährung und Landwirtschaft auf eine Höhe von rund 770 Millionen Euro beziffert.[46]

In einigen Gegenden, wie zum Beispiel in Teilen Ostdeutschlands, gerieten Brände außer Kontrolle. Solche Feuersbrünste kannte man bis dahin eigentlich nur aus anderen Weltregionen wie etwa dem amerikanischen Kalifornien. Hinzu kommt ein Waldsterben. Inzwischen spricht man vom Waldsterben 2.0,[47] um die heute schon eingetretenen katastrophalen klimabedingten Waldschäden zu bezeichnen. In den 1970er und 1980er Jahren hatte sich wegen des sauren Regens schon einmal ein Waldsterben ereignet. Dieses Problem konnte durch eine stark verbesserte Luftreinhaltung in den Griff bekommen werden, vor allem durch den Einbau von Rauchgasentschwefelungsanlagen in Kohlekraftwerken. Bundesministerin Julia Klöckner hatte im September 2019 zu einem Nationalen Waldgipfel eingeladen. Dazu heißt es auf der Internetseite des Ministeriums: „Stürme, die extreme Dürre, überdurchschnittlich viele Waldbrände und Borkenkäferbefall – das hat 2018 gravierende Schäden in den Wäldern verursacht und setzt auch 2019 dem Wald immens zu."[48]

Es tritt jetzt das ein, wovor die Wissenschaft schon vor vielen Jahren gewarnt hatte: Wälder können sich nicht an schnelle klimatische Veränderungen anpassen. Die Probleme werden sich zukünftig wohl noch verschärfen. Sollte sich die Erde bis zum Ende des 21. Jahrhunderts um drei Grad gegenüber der vorindustriellen Zeit erwärmen – wie es aus heutiger Sicht sehr wahrscheinlich ist –, würden sich auch die Dürreperioden verlängern, wie Klimamodelle berechnen. Im Norden würden sie bis zu einem Drittel länger dauern können, in Teilen Süddeutschlands ungefähr doppelt so lange.[49] Ob der deutsche Wald überhaupt noch zu retten ist, auf diese Frage hat derzeit niemand eine belastbare Antwort. In diesem Zusammenhang darf man die Fehler in der Waldwirtschaft während der letzten Jahrzehnte nicht außer Acht lassen. In Brandenburg zum Beispiel sind ungefähr 70 Prozent der Waldbäume Kiefern. Solche Monokulturen sind besonders anfällig für Schädlinge und auch für Brände, die sich in reinen Kiefernwäldern sehr viel schneller als in Mischwäldern ausbreiten.

Während man sich noch leicht ausmalen kann, dass Land- und Forstwirtschaft sehr stark vom Wetter abhängig sind, verblüffte es viele Akteure in anderen Sektoren der Wirtschaft, wie anfällig auch ihr Geschäftsmodell gegenüber Wetterextremen sein kann. Einige Bereiche der Industrie gerieten 2018 ebenfalls unter Hitzestress. Lieferketten waren unterbrochen, weil Flüsse wegen der extremen

Trockenheit kaum noch Wasser führten, wodurch die Binnenschifffahrt vielerorts eingeschränkt war und teilweise ganz zum Erliegen kam. Einige Industrieunternehmen wie BASF oder ThyssenKrupp mussten infolge des Niedrigwassers auf dem Rhein die Produktion drosseln und in der Folge erhebliche finanzielle Einbußen hinnehmen, weswegen ihre Aktienkurse an der Börse unter Druck gerieten. Die Benzinpreise stiegen, weil der Kraftstoff Tankstellen nicht mehr im gewohnten Maße über den Wasserweg erreichen konnte. Gabriel Felbermayr vom Kieler Institut für Weltwirtschaft schätzt, dass 2018 fast 0,3 Prozentpunkte Wirtschaftswachstum durch das Niedrigwasser auf dem Rhein verloren gegangen sind.[50] Extrem hohe Temperaturen hatten außerdem mehrere deutsche Autobahnen wie auch eine Start- und Landebahn des Flughafens Hannover beschädigt. Die extreme Dürre beeinträchtigte zudem die konventionelle Energieerzeugung. So musste die Leistung mehrerer Kernkraftwerke gedrosselt werden, weil das in die ohnehin schon wegen der Hitzewelle erwärmten Flüsse geleitete Kühlwasser diese zusätzlich aufheizte und erhebliche negative Auswirkungen auf die Flussökosysteme wie zum Beispiel extreme Sauerstoffarmut mit Fischsterben drohten. Dafür erreichte 2018 die Netto-Stromproduktion aus erneuerbaren Quellen mit einem Anteil von gut 40 Prozent einen neuen Höchststand in Deutschland.[51] 2019 waren es sogar etwas mehr als 46 Prozent.[52]

Außerhalb Deutschlands waren 2018 die Wetterverhältnisse vielerorts ebenfalls schwierig, wie zum Beispiel die beispiellose Hitze und Trockenheit bis hoch zum nördlichen Polarkreis mit Waldbränden in Schweden, die nicht mehr zu bändigen waren. Nördlich des Polarkreises wurden vereinzelt Temperaturen von weit über 30 Grad gemessen. Der heiße Sommer hatte auch Frankreich fest im

Griff. Im Kernkraftwerk Fessenheim nahe der deutschen Grenze musste Anfang August einer der beiden Atomreaktoren komplett vom Netz genommen und die Leistung des zweiten gedrosselt werden. Im Süden Europas wüteten herbstliche Unwetter. Wie zum Beispiel die Ereignisse, die durch Starkwinde und Starkregen in Spanien, Italien, Kroatien, Österreich oder der Schweiz zu Sturmschäden, Hochwasser, Sturmfluten, Murenabgängen und Stromausfällen führten. Auch die Urlauberinsel Mallorca war durch heftige Regenfälle und Sturmböen betroffen. Der Oktober sorgte auf Mallorca in vielen Gemeinden für Rekord-Regenmengen. So fiel in Colònia de Sant Pere mit 232,8 Litern Regen auf den Quadratmeter innerhalb von 24 Stunden so viel Niederschlag wie noch nie seit Beginn der Messungen in dem Ort vor über 30 Jahren. Das durch die Erderwärmung aufgeheizte Mittelmeer lässt mehr Wasser verdunsten als noch vor einigen Jahrzehnten. Dadurch befindet sich mehr Energie in der Luft, die die Unwettergefahr in der Region und auch noch weiter nördlich erhöht, sodass auch schon Deutschland vom erwärmten Mittelmeer betroffen ist.[53] Schwere Unwetter mit Riesenwellen hatten schließlich im November selbst auf den sonnenverwöhnten Kanarischen Inseln zu Verwüstungen geführt. Besonders schlimm traf es die Nordküste Teneriffas. In Erinnerung geblieben ist ein Video, das zeigt, wie in der Nähe der Stadt Tacoronte eine etwa sechs Meter hohe Welle den zweiten Stock eines Wohnblocks erreichte und große Teile der Balkone abriss.[54]

Ja, das Wetter spielte 2018 verrückt. Natürlich wird es nicht jedes Jahr so sein. Und Wetter ist nicht Klima. Aber das Jahr hat uns gezeigt, wohin die Reise ohne Klimaschutz gehen wird. In eine ungemütliche Zukunft. Wie zum Beweis wurde der Sommer 2018 in mancher Hinsicht sogar noch vom Sommer 2019 getoppt. Der Juni 2019 war der wärmste Juni seit Beginn der Wetteraufzeichnungen, global und in Deutschland. Der Monat war in Deutschland im Schnitt 4,4 Grad wärmer als im langjährigen Mittel der Jahre 1961 bis 1990. Der folgende Juli brachte sogar einen neuen Allzeittemperaturrekord. Erstmals seit dem Beginn der Wetteraufzeichnungen war in Deutschland eine Temperatur von 42 Grad gemessen worden: Im niedersächsischen Lingen stieg die Temperatur am 25. Juli 2019 auf den Rekordwert von sage und schreibe 42,6 Grad. Außerdem waren in sechs Bundesländern neue Höchstwerte erreicht worden. An 23 Messstationen betrugen die Temperaturen 40 Grad oder mehr, an 15 Stationen wurden Werte gemessen, die den bis dahin geltenden deutschen Allzeitrekord aus dem Jahr 2015 von 40,3 Grad, gemessen im unterfränkischen Kitzingen, überschritten. Insgesamt war 2019 zusammen mit 2014 das zweitwärmste Jahr in Deutschland seit dem Beginn der regelmäßigen Messungen 1881. Auch global rangiert 2019 auf Platz zwei. Nur 2018 war noch wärmer gewesen.

Entsprechend war die Dekade 2010 bis 2019 der wärmste Zehnjahreszeitraum weltweit und in Deutschland seit Beginn der Messungen. Der starke Anstieg der Temperatur während der letzten Jahrzehnte wird gerade bei der Betrachtung von zehnjährigen Mittelungszeiträumen besonders deutlich (Abb. 1), weil dann die kurzfristigen chaotischen Temperaturschwankungen weitgehend herausgefiltert sind.

Hitzerekorde gab es 2019 auch andernorts. Im südfranzösischen Ort Vérargues im Département Hérault sind am 28. Juni 46 Grad gemessen worden, was einen neuen Allzeitrekord für Frankreich markiert. Seit dem Hitzesommer 2003 hat die französische Regierung Alarmpläne ausgearbeitet und spezifische Vorsichtsmaßnahmen erlassen, die Schlimmeres verhindert hatten. Es waren „nur" knapp 1500 Hitzetote zu beklagen.[55] 2003 waren es noch ungefähr zehnmal so viele gewesen. Während der Hitzeperioden 2019 gab es mehrere Landesteile mit Alarmstufe „rot". Schulen wurden in dieser Zeit geschlossen und öffentliche Veranstaltungen abgesagt.

Auch 2019 ereigneten sich extreme Unwetter im Mittelmeerraum. In mehreren Regionen Südspaniens gab es im September noch nie dagewesene sintflutartige Regenfälle und Überschwemmungen. In der Provinz Alicante kamen zwei Menschen ums Leben. In der Gemeinde Ontinyent, südlich von Valencia, fielen innerhalb von 24 Stunden fast 300 Liter Regen auf den Quadratmeter. Der spanische Wetterdienst sprach vom schlimmsten Unwetter in der Region seit Beginn der dortigen Wetteraufzeichnungen 1917. Die volkswirtschaftlichen Schäden gingen in die Milliarden.

Auf den anderen Kontinenten purzelten ebenfalls die Wetterrekorde. Der Supertaifun Hagibis traf am 12. Oktober 2019 nur 130 Kilometer von Tokio entfernt auf Land. Durch sein außergewöhnlich langes Verweilen über dem Meer konnte der Taifun enorm viel Energie sammeln, so wie es schon beim Hurrikan Harvey zwei Jahre zuvor der Fall gewesen war, der das texanische Houston heimsuchte und unter Wasser gesetzt hatte. Die Folge waren die heftigsten Regenfälle, die je ein tropischer Wirbelsturm nach Japan gebracht hatte. Australien hat in den letzten Jahren wahrlich apokalyptische Wetterbedingungen erlebt, mit brütender Hitze und mit einer selbst für australische Verhältnisse außergewöhnlichen Trockenheit. Außer Kontrolle geratene Buschbrände in mehreren Bundesstaaten führten 2019 und 2020 monatelang zu katastrophalen Bedingungen mit Feuersbrünsten, die man bisher nicht gekannt hatte. Gerade das Beispiel Australien hat der Weltöffentlichkeit vor Augen geführt, dass einige Regionen der Erde tatsächlich unbewohnbar werden könnten, sollte sich die Erderwärmung unvermindert fortsetzen.

Die Häufung der Wetterextreme auf der Welt und ihre zunehmende Intensität kann man der globalen Erwärmung zuordnen. Selbst wenn man nichts über die Wettervorgänge in der Atmosphäre weiß, kann sich jeder ausmalen, dass durch eine Erwärmung kalte Tage abnehmen, warme Tage zunehmen und neue Temperaturrekorde auftreten müssen. In wärmerer Luft steckt außerdem mehr Energie, die bei entsprechender Wetterlage freigesetzt werden kann. Klimamodelle sagen voraus, dass extreme Wettersituationen bei weiter steigenden Temperaturen noch häufiger und stärker werden. Ein ungebremster Klimawandel mit noch extremerem Wetter wird kaum beherrschbar sein, wie die jüngsten extremen Wetterereignisse erahnen lassen, haben doch schon diese Ereignisse aufgezeigt, dass es Grenzen der Anpassungsfähigkeit gibt.

## Wird Australien zum „Fukushima" des Klimawandels?

Die Reaktorkatastrophe im japanischen Atomkraftwerk Fukushima 2011 hatte in Deutschland den letzten Anstoß für den endgültigen Atomausstieg geben. Braucht es so etwas wie ein „Fukushima" des Klimawandels, um einen tiefgreifenden Klimaschutz zu befördern? Wenn sich der fatale Hang zum Nichtstun in den kommenden Jahrzenten fortsetzt, hätte dies in der Tat unkalkulierbare Auswirkungen für das Leben auf der Erde. Einen Vorgeschmack darauf hat das Industrieland Australien in den letzten Jahren bekommen. Auf dem Kontinent purzelten die Wetterrekorde nur so. So war der Dezember 2018 der bis dahin mit großem Abstand wärmste Dezember[56] seit Beginn der Messungen 1910[57] gewesen. Dies war aber nur der Beginn von noch extremeren Wetterverhältnissen.

Der Januar 2019 war noch wärmer und löste den vorangehenden Dezember als wärmsten Monat ab. Und schließlich verwundert es nicht, dass auch der australische Sommer 2018/2019 der wärmste seit Beginn der Messungen gewesen ist.[58] In der Kleinstadt Cloncurry im Bundesstaat Queensland stiegen die Temperaturen im Januar 2019 43 Tage hintereinander auf über 40 Grad. Das Städtchen Noona im Bundesstaat New South Wales stellte einen weiteren Rekord auf: Die Temperatur sank in der Nacht vom 17. auf den 18. Januar 2019 nicht unter 39,5 Grad. Heiße Nächte können für den menschlichen Organismus ganz besonders gefährlich sein, weil sich der Körper von den sengenden Tagestemperaturen nicht mehr erholen kann und sie es verhindern, dass Menschen einen erholsamen Schlaf bekommen. Und weiter ging es. Australien erlebte im darauffolgenden Sommer am 17. Dezember 2019 im Mittel über den gesamten Kontinent (!) den heißesten Tag mit einer durchschnittlichen Tageshöchsttemperatur von 40,9 Grad und am darauffolgenden Tag mit 41,9 Grad schon den nächsten Temperaturrekord. Im südaustralischen Nullarbor stiegen die Höchsttemperaturen nochmals einen Tag später auf einen unmenschlichen Wert von 49,9 Grad. Noch nie war in Australien an einem Dezembertag eine heißere Temperatur gemessenen worden. Der Dezember 2019 löste dann auch den Januar desselben Jahres als den wärmsten Monat ab. 2019 endete, wie nicht anders zu erwarten war, als das wärmste Jahr in Australien seit Beginn der Messungen.

Begleitet wurde die Rekordhitze von einer viele Monate andauernden Trockenheit, insbesondere im Osten des Landes, wodurch sich die Brandgefahr extrem erhöhte. 2019 war in Australien nicht nur das wärmste, sondern auch das trockenste Jahr seit Beginn der Messungen. So kam es nicht von ungefähr, dass schon im November 2019 laut Medienberichten in allen Bundesstaaten einschließlich Tasmaniens große Flächen in Flammen standen, obwohl die Feuer normalerweise erst später auftreten. Bis Anfang 2020 war bereits eine Fläche von mehr als zehn Millionen Hektar den Bränden zum Opfer gefallen – dies entspricht ungefähr der Größe von Bayern und Baden-Württemberg zusammen. Auch die Millionenmetropole Sydney, die Hauptstadt von New South Wales, bekam die Auswirkungen der Brände zu spüren und wirkte wie in Rauch gehüllt. Die Skyline Sydneys war kaum noch zu erkennen. Die Menschen klagten über die schlechte Luftqualität, viele von ihnen versuchten sich mit Atemmasken zu schützen. Zahllose Einwohner mit Atemwegsbeschwerden mussten die Krankenhäuser aufsuchen, Mediziner sprachen von einem öffentlichen Gesundheitsnotfall. So eine Rauchbelastung hatte es in der größten Stadt Australiens noch nicht gegeben.

Die Feuer breiteten sich weiter nach Süden aus und erfassten den Bundesstaat Victoria. Um den Jahreswechsel 2019/2020 herum „strandeten" im wahrsten Sinne des Wortes viele Touristen an den Stränden des pazifischen Ozeans. Die Urlauber waren von den Bränden umzingelt, und die Strände boten ihnen die einzige verbliebene Zufluchtsstätte. Dank der Marine konnten die Touristen aus dem Inferno gerettet werden. Über 30 Menschen und nach Schätzungen von Wissenschaftlern mindestens eine halbe Milliarde Tiere verloren bis Mitte Februar 2020 infolge der Brände ihr Leben. In Erinnerung werden die Bilder von verletzten Koalas bleiben, deren Population dezimiert wurde. Wie stark, lässt sich nur schwer abschätzen. Diese Geschehnisse verdeutlichen, dass bei unvermindert fortschreitender Erderwärmung katastrophale Verhältnisse auf der Erde drohen. Australien wird diese Lektion lernen müssen.

Denn Australien wird von Betonköpfen regiert. Vize-Premierminister Michael McCormack erklärte während der Buschbrände, dass es schon immer Feuer gegeben habe und dass der Klimawandel ein Hirngespinst der verrückten, städtischen Linken sei.[59] Premierminister Scott Morrison machte Urlaub, als die Buschbrände außer Kontrolle gerieten, und sah sich zunächst nicht gezwungen, nach Australien zurückzukehren. Dann tat er es aber doch, weil der öffentliche Druck auf ihn immer größer wurde. Inzwischen räumte er ein, dass es ein Fehler gewesen sei, in den Urlaub zu fahren, während das Land darum kämpfte, die Feuer irgendwie in den Griff zu bekommen. Der Premierminister sagte zwar selbst, dass es eine Verbindung zwischen dem Klimawandel und den Wetterbedingungen gebe, die die Lage verschärft habe. Jedoch werde er nicht von seiner Pro-Kohle-Politik abrücken. Die Stromerzeugung Australiens beruht zu etwa 60 Prozent auf Kohle, was angesichts des Potenzials an erneuerbarer Energie auf dem Kontinent, der mit Sonnen- und Windenergie gesegnet ist, nicht zu verstehen ist. Außerdem ist das Land der größte Kohleexporteuer der Welt. Auf der Weltklimakonferenz 2019 in Madrid zählte Australien neben Ländern wie die USA, Saudi-Arabien oder Brasilien zu den Blockierern, die Fortschritte beim Klimaschutz mit aller Macht verhinderten und damit die Konferenz praktisch zum Scheitern brachten.

Und noch eine Hiobsbotschaft aus der Region: Infolge der Meereserwärmung während der letzten Jahrzehnte hat das Korallensterben im seit 1981 zum Weltnaturerbe gehörenden Great Barrier Reef ein beängstigendes Ausmaß angenommen. Das gefürchtete Phänomen der Korallenbleiche[60] greift dort mehr und mehr um sich wie auch in anderen tropischen Meeresgebieten. Tropische Korallen sind an gleichbleibend warme Temperaturen gewöhnt. Einen übermäßigen und über einen längeren Zeitraum anhaltenden Temperaturanstieg des Meerwassers können sie nicht verkraften. Korallen leben in Symbiose mit Algen, sogenannten Zooxanthellen, die ihnen die prächtige Farbe verleihen und sie mit Energie in Form von Zucker versorgen. Steigt die Meerestemperatur auf deutlich über 30 Grad an, beginnen die Algen Giftstoffe zu produzieren, und die Korallen müssen die Algen abstoßen. Dann kommt das helle Kalkskelett der Korallen zum Vorschein. Daraus leitet sich der Begriff Korallenbleiche ab. Während solcher Ereignisse sterben zum Teil mehr als die Hälfte der Korallen eines Riffs. Die Lage verschlimmert sich zusehends. 2020 war das erste Mal, dass eine schwere Bleiche alle drei Regionen des Riss erfasst hat – die nördliche, die zentrale und auch weite Teile des südlichen Sektors.

Halten die zu hohen Wassertemperaturen nicht zu lange an, können die Korallen wieder Algen aufnehmen. Allerdings ist die Regenerationsfähigkeit der Korallen beeinträchtigt. Es steht mit den Korallenriffen ein einzigartiges Ökosystem mit einer außergewöhnlichen Artenvielfalt vor dem Kollaps. Der Großteil der tropischen Korallen könnte schon in wenigen Jahrzehnten der Erderwärmung zum Opfer fallen, vielleicht auch schon früher, wenn man die übrigen anthropogenen Stressfaktoren mitberücksichtigt. In diesem Zusammenhang darf man nämlich nicht vergessen, dass Ökosysteme zu Land und in den Meeren auf vielfältige Art und Weise durch die Menschen geschädigt werden und die Erderwärmung „nur" ein Stressfaktor unter mehreren ist. So werden die Korallen auch durch den Fischfang, die Meerwasserverschmutzung oder durch die Suche nach und die Förderung von Rohstoffen in Mitleidenschaft gezogen. Hinzu kommt noch die Meeresversauerung infolge der marinen $CO_2$-Aufnahme.

Betrachtet man die extremen Wetterereignisse in Australien während der letzten Jahre wie auch die Geschehnisse in den angrenzenden Meeresregionen, könnte der Kontinent tatsächlich zu so etwas wie dem „Fukushima" des Klimawandels werden. Der erste Kontinent, auf dem beträchtliche Teile unbewohnbar werden würden und mit Meeren, die ihrer Schönheit beraubt wären und zu Kloaken verkämen.

# Die Ursachen des Klimawandels

*Kohlendioxid*

Kommen wir zu den Ursachen der globalen Erwärmung. Zuallererst müssen wir uns mit dem Gas Kohlendioxid ($CO_2$) beschäftigen. Es ist ein sogenanntes Treibhausgas und die wichtigste Ursache für die Erderwärmung. Der amerikanische Geochemiker Roger Revelle und sein Schweizer Kollege Hans Suess hatten schon 1957 die Bedeutung des Ausstoßes von $CO_2$ durch die Menschheit für das Klima treffend beschrieben, indem sie von einem groß angelegten geophysikalischen Experiment sprachen, das die Menschen auf der Erde anstellten, das so weder in der Vergangenheit hätte passieren können noch in der Zukunft wiederholt werden könne.[61] Die beiden Wissenschaftler postulierten, dass der $CO_2$-Gehalt der Atmosphäre schnell ansteige, wenn die Menschheit fortgesetzt große Mengen des Treibhausgases ausstoße. Diese Aussage war zu der Zeit in der Wissenschaft durchaus umstritten. Damals waren nicht sehr viele Wissenschaftler darüber besorgt, dass die Menschheit durch die Verbrennung der fossilen Brennstoffe Kohlendioxid in die Atmosphäre einbringt. Die Vermutung, dass die $CO_2$-Emissionen das Klima verändern würden, war Jahrzehnte zuvor von fast allen Forschern aufgegeben worden.

Was war der Grund dafür gewesen? Es gab ein besonders einfaches und zugleich sehr starkes Argument: Das hinzugefügte $CO_2$ würde nicht in der Luft verbleiben. Der größte Teil des $CO_2$ auf der Erde befindet sich schließlich nicht in der hauchdünnen Atmosphäre, sondern in gelöster Form in den riesigen Wassermassen der Ozeane. Egal wie viel $CO_2$ die Menschheit in die Atmosphäre emittieren würde, fast alles davon würde sicher und für lange Zeit in den Tiefen der Ozeane vergraben werden. Revelle und Suess hatten mit ihrer Behauptung eines drohenden $CO_2$-Anstiegs Recht, wie sich schnell anhand der von Revelle 1958 initiierten Messungen auf dem Vulkan Mauna Loa auf Hawaii herausstellen sollte, Messungen, die bis zum heutigen Tag fortgesetzt werden[62] und nichts Gutes verheißen. Der $CO_2$-Gehalt der Luft steigt kontinuierlich an. An einigen Tagen im Mai 2020[63] wurden mit 418 ppm (parts per million, Teile pro eine Million) sogar Werte gemessen, die schon 100 ppm über den Werten zu Beginn der Messungen liegen. Die hawaiianischen Daten dokumentieren nicht nur den Anstieg des atmosphärischen $CO_2$-Gehalts seit der Mitte des 20. Jahrhunderts, sondern darüber hinaus, dass die Rate des Anstiegs immer weiter zunimmt. In den 1970er Jahren stiegen die $CO_2$-Werte noch um rund 0,7 ppm jährlich, in den 1980ern beschleunigte sich dies auf rund 1,6 ppm pro Jahr. Im letzten Jahrzehnt lag der Zuwachs bei durchschnittlich 2,2 ppm jährlich.

Klimaskeptiker behaupten, dass der $CO_2$-Ausstoß durch die Menschheit irrelevant sei, weil die Mengen sehr viel kleiner sind als die Mengen, die auf natürliche Weise von den Ozeanen und den Landregionen an die Atmosphäre abgegeben werden. Die Skeptiker verschweigen aber wohl mit Absicht, dass die beiden Erdsystemkomponenten auch genauso viel $CO_2$ aus der Atmosphäre aufnehmen. Die natürlichen $CO_2$-Flüsse sind für lange Zeit balanciert gewesen, was man an den nur geringen Schwankungen der atmosphärischen $CO_2$-Konzentration während der letzten Jahrtausende ablesen kann. Sobald wir aber der Atmosphäre zusätzliches Kohlendioxid hinzufügen, stören wir das Gleichgewicht und werden mit dem physikalischen Gesetz der Massenerhaltung konfrontiert: Das $CO_2$ verschwindet nicht von allein aus der Luft, weil es dort im Gegensatz zu vielen anderen Gasen keine chemischen Verbindungen eingeht. Das $CO_2$ muss deswegen von etwas wieder herausgeholt werden. Dieses Etwas sind die Ozeane und die Landregionen. Sie fungieren als natürliche Senken, und nur sie vermögen es, das $CO_2$ aus der Luft zu entfernen. Das Problem ist nur, dass die Reinigung der Atmosphäre eine sehr lange Zeit in Anspruch nimmt. Es würde schon bei dem heutigen $CO_2$-Gehalt der Luft weit mehr als ein Jahrtausend dauern, bis das von der Menschheit hinzugefügte Kohlendioxid zu großen Teilen wieder aus der Atmosphäre verschwunden wäre.

Betrachten wir dazu Simulationen mit Computermodellen des Kohlenstoffkreislaufs und verfolgen das Schicksal einer großen virtuellen $CO_2$-Menge, die einmalig in die Atmosphäre eingebracht wird.[64] Zuerst nehmen die natürlichen Senken das Kohlendioxid „schnell" auf, sodass nach „nur" 50 Jahren „schon" etwa die Hälfte des Gases aus der Atmosphäre entfernt worden ist. Aber das nächste Viertel benötigt dann ungefähr ein Jahrtausend, um aus der Atmosphäre wieder zu verschwinden. Nach gut tausend Jahren sind also erst 75 Prozent des $CO_2$ aus der Luft entfernt, wobei die Ozeane ca. 60 Prozent und das Land ca. 15 Prozent des in die Atmosphäre eingebrachten $CO_2$ aufgenommen haben. Dies verdeutlicht die enorme Wichtigkeit der Ozeane für die Aufnahme von anthropogenem $CO_2$. Der Transport von $CO_2$ aus den obersten Meeresschichten, die in Kontakt mit der Atmosphäre stehen, in die Tiefsee, wo das $CO_2$ für lange Zeit gespeichert werden kann, ist extrem langsam, weswegen sich selbst nach über einem Jahrtausend immer noch ein Viertel des ursprünglich eingebrachten Kohlendioxids in der Atmosphäre befindet. Die Quintessenz: Durch die Menschheit in die Luft emittiertes $CO_2$ verweilt dort für eine „Ewigkeit". Dieser Sachverhalt verdeutlicht einmal mehr die Langfristigkeit des Klimaproblems, hervorgerufen durch den immensen Ausstoß von Kohlendioxid durch die Menschheit. Der belief sich 2019 auf den Rekordwert von weltweit ungefähr 42 Milliarden Tonnen.

Das Kohlendioxid kann sich wegen seiner langen Verweildauer über den Erdball verteilen. Deswegen misst man den atmosphärischen $CO_2$-Anstieg mit geringfügigen Unterschieden überall auf der Erde, selbst in Gebieten, in denen es keine nennenswerten anthropogenen $CO_2$-Emissionen gibt, wie zum Beispiel in der Antarktis. Der $CO_2$-Gehalt der Luft steigt unfassbar schnell an. Lag die vorindustrielle $CO_2$-Konzentration im Jahresmittel noch bei etwa 280 ppm, betrug sie 2019 durchschnittlich schon 411 ppm. Dieser Anstieg entspricht einem Zuwachs von fast 50 Prozent. Demgegenüber war die $CO_2$-Konzentration in den vorangegangenen 10 000 Jahren annähernd konstant und zeigte nur einen schwachen Aufwärtstrend. Tatsächlich waren die atmosphärischen $CO_2$-Konzentrationen das letzte Mal vor mehr als drei Millionen Jahren so hoch wie heute, als die mittlere Temperatur an der Erdoberfläche zwei bis drei Grad wärmer war als in der vorindustriellen Zeit und die Meeresspiegel 15 bis 25 Meter höher. Außerdem ist die Anstiegsrate des atmosphärischen $CO_2$-Gehalts im Mittel der letzten 60 Jahre in etwa hundertmal schneller als frühere natürliche Anstiege, wie sie zum Beispiel am Ende der letzten Eiszeit in der Zeit von vor 17 000 bis 11 000 Jahren auftraten.

Die Entwicklung des atmosphärischen $CO_2$-Gehalts während der letzten 800 000 Jahre verdeutlicht den außergewöhnlichen Anstieg seit Beginn der Industrialisierung,

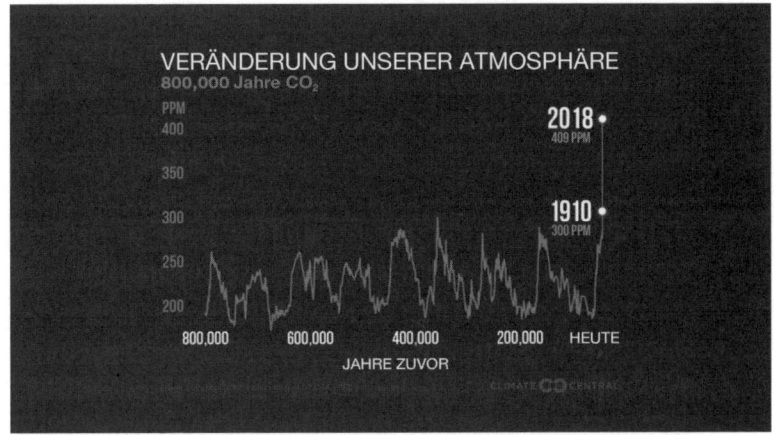

*Abb. 3: Der $CO_2$-Gehalt der Luft (ppm, Teile pro eine Million) rekonstruiert für die letzten 800 000 Jahre aus Eisbohrungen in der Antarktis.*[65, 66] *2019 lag der Wert bei 411 ppm. Quelle: Climate Central.*

wobei man die Zusammensetzung der Luft vor Beginn der direkten Messungen 1958 durch die Analyse von Lufteinschlüssen in Eisbohrkernen aus der Antarktis rekonstruiert hat. Selbstverständlich hat die atmosphärische $CO_2$-Konzentration im Laufe der Jahrhunderttausende geschwankt, aber nur innerhalb bestimmter Grenzen, in einem Bereich von ungefähr 180 ppm bis etwa 300 ppm. Der heutige $CO_2$-Gehalt ist schon weit über diesen Bereich hinausgeschossen. Somit gilt ein weiteres „Argument" der Klimaskeptiker auch nicht, dass der rasante $CO_2$-Anstieg in der Atmosphäre, wie er seit Beginn der Industrialisierung erfolgt ist, völlig normal sei und es eine solch schnelle $CO_2$-Zunahme in der Erdgeschichte des Öfteren gegeben hätte. Alleine die Tatsache, dass sich der atmosphärische $CO_2$-Gehalt nach Jahrhunderttausenden urplötzlich mit einer bisher nicht dagewesenen Geschwindigkeit nach oben katapultiert und die natürliche Schwankungsbreite der letzten Jahrhunderttausende schon weit verlassen hat, sollte einem zu denken geben.

Aber wie wahrscheinlich ist das Szenario der Skeptiker eigentlich, wonach es sich bei dem rasanten atmosphärischen $CO_2$-Anstieg schlicht um eine Laune der Natur handelt? Die Wahrscheinlichkeit dafür geht gegen null. Das sagt einem schon der gesunde Menschenverstand. Außerdem kann die Forschung auf der Basis weiterer Messungen zeigen, wie zum Beispiel anhand der atmosphärischen Sauerstoffkonzentration, dass das $CO_2$ durch die Verbrennung der fossilen Brennstoffe in die Atmosphäre gelangt sein muss. Alle fossilen Brennstoffe enthalten Kohlenstoff (C), der sich beim Verbrennen mit Sauerstoff ($O_2$) verbindet und sich als $CO_2$ in der Atmosphäre anreichert. Aufgrund dessen nimmt der Sauerstoffgehalt der Luft mit der Verfeuerung der fossilen Brennstoffe messbar ab, ohne zum Glück auch nur annähernd lebensfeindliche Werte zu erreichen. Selbst wenn die Menschheit alle fossilen Reserven verbrennen würde, würde der Sauerstoff in der Luft nicht auf kritische Werte absinken.

In der Wissenschaft gibt es keinen Zweifel: Der Anstieg der atmosphärischen $CO_2$-Konzentration seit Beginn der Industrialisierung ist durch die Menschheit verursacht. Ein „Gegenargument" der Klimaskeptiker basiert auf der vermeintlichen Zunahme der Leuchtkraft der Sonne und der damit in Verbindung stehenden Erhöhung der auf die Erde einfallenden Sonnenstrahlung. Dadurch würde es zu einer Erwärmung kommen und in der Folge $CO_2$ aus den Weltmeeren freigesetzt. Diese Kausalkette kann schon allein deswegen nicht stimmen, weil die Intensität der auf die Erde treffenden Sonneneinstrahlung im Mittel der letzten Jahrzehnte abgenommen hat. Außerdem zeigen die weltweit durchgeführten Messungen des $CO_2$-Austauschs zwischen der Atmosphäre und den Meeres- und Landregionen, dass Letztere netto $CO_2$ aufnehmen und nicht freisetzten. Die marine $CO_2$-Aufnahme ist darüber hinaus die Ursache des Problems der Meeresversauerung, denn das Kohlendioxid löst sich in den Ozeanen zu Kohlensäure. Die Meeresversauerung wird des Öfteren als das andere $CO_2$-Problem bezeichnet, weil das Leben im Meer unter dem zunehmenden Säuregrad leidet. Dies bezieht sich hauptsächlich aber nicht nur auf Lebewesen, die Kalkstrukturen bilden, wie Krebse, Muscheln oder Korallen. Selbst wenn sich das Klima durch den atmosphärischen $CO_2$-Anstieg überhaupt nicht ändern würde, das Problem der Meeresversauerung bliebe bestehen und verlangt eine schnelle Senkung der anthropogenen $CO_2$-Emissionen. Das Gegenteil passiert jedoch. Die heutigen $CO_2$-Emissionen entsprechen einem Plus von etwa 60 Prozent gegenüber 1990 und vier Prozent gegenüber 2015, dem Jahr der Unterzeichnung des Pariser Klimaabkommens.

Das „Global Carbon Project" (GCP),[67] ein weltweites Forschungsprogramm, wurde 2001 mit dem Ziel gegründet, ein vollständiges Bild des globalen Kohlenstoffkreislaufs zu entwickeln, das sowohl die natürliche biophysikalische als auch die menschliche Komponente sowie die Wechselwirkungen und Rückkopplungen zwischen ihnen umfasst. Das GCP veröffentlicht alljährlich die globale $CO_2$-Bilanz für die jeweils zurückliegende Dekade. Insgesamt sind weltweit im Zeitraum 2009 bis 2018 jährlich ungefähr 40 Milliarden Tonnen $CO_2$ durch die Menschheit ausgestoßen worden. Davon entfielen 86 Prozent auf die Verbrennung der fossilen Brennstoffe und die restlichen 14 Prozent auf sogenannte Landnutzungsänderungen wie Waldrodungen. Die Vernichtung der tropischen Wälder liefert dabei den größten Anteil an den $CO_2$-Emissionen durch Landnutzungsänderungen. Während die weltweiten energiebedingten Emissionen seit Jahrzehnten deutlich ansteigen, sind die Emissionen aus Landnutzungsänderungen relativ konstant geblieben.

„Nur" knapp die Hälfte des durch die Menschheit im Zeitraum 2009 bis 2018 ausgestoßenen $CO_2$, 44 Prozent, verblieben in der Atmosphäre und sorgten für den Anstieg des Gases in der Luft. Mehr als die Hälfte des emittierten Kohlendioxids wurde demnach von den natürlichen Senken aus der Atmosphäre herausgeholt, 29 Prozent von den Landregionen und 23 Prozent von den Weltmeeren. Es verbleibt noch ein Rest von vier Prozent, der den Unsicherheiten in den Schätzungen der $CO_2$-Quellen und -Senken geschuldet ist. Es besteht die Sorge, dass sich infolge des Klimawandels die Effizienz der natürlichen $CO_2$-Senken verringern könnte, weswegen ein größerer Prozentsatz der anthropogenen $CO_2$-Emissionen in der Atmosphäre verbleiben würde. In diesem Fall würde die Erreichung eines bestimmten Klimaziels eine noch stärkere Verringerung der Emissionen erfordern.

Die Beobachtungen lassen keinen anderen Schluss zu: Die Menschen sind der Grund für den Anstieg des atmosphärischen $CO_2$-Gehalts seit Beginn der Industrialisierung, natürliche Faktoren scheiden als Ursache aus. Hierbei handelt es sich um unumstößliche Fakten, auch wenn sie von den Klimaskeptikern gerne in Zweifel gezogen werden. Um einen weiteren $CO_2$-Anstieg in der Atmosphäre zu verhindern oder den Anstieg zumindest zu bremsen, ist es unerlässlich, die weltweiten Emissionen konsequent zu verringern. Ein Einfrieren der Emissionen auf dem heutigen Stand würde nicht ausreichen und den $CO_2$-Gehalt der Luft weiter ansteigen lassen.

Des Öfteren werden sogenannte „Carbon Capture and Storage"-Verfahren (CCS) vorgeschlagen, um den $CO_2$-

Ausstoß zu verringern. CCS basiert auf dem Abscheiden von $CO_2$, bevor es in die Atmosphäre entweichen kann, um es dann unterirdisch oder in den Meeren „sicher" zu lagern. So könnte man beispielsweise Kohlekraftwerke betreiben, die deutlich weniger $CO_2$ emittieren als herkömmliche. Es käme aus meiner Sicht einer Bankrotterklärung gleich, würde die Menschheit eine völlig neue Infrastruktur für CCS schaffen, um dann weiterhin fossile Brennstoffe zu verfeuern. Der finanzielle Aufwand wäre enorm, Innovation würde gebremst, Investitionen in die Entwicklung sauberer Technologien würden fehlen und die Umweltrisiken der Einlagerung wären nicht sicher abzuschätzen. Hinzu kommt, dass der Wirkungsgrad der Kraftwerke erheblich sinken würde. Andrerseits existieren Konzepte für die Verwendung von Kohlendioxid aus der Luft in Industrieprozessen. Ein Beispiel wäre die Produktion synthetischer Kraftstoffe für die Nutzung im Verkehrssektor, etwa im Flugverkehr, wo Elektroantriebe auf absehbare Zeit keine Option sein werden. Dabei würde man $CO_2$ aus der Luft, Wasser und erneuerbare Energie nutzen. Synthetische Kraftstoffe können über den gesamten Lebenszyklus nahezu $CO_2$-neutral sein. Solche Lösungen wären sicherlich gegenüber CCS vorzuziehen, auch weil sich die Verfahren nahtlos in die Energiewende und die Transformation der Energiesysteme einfügen würden.

Sollte es der Menschheit nicht gelingen, die $CO_2$-Emissionen schnell genug zu verringern, müssten die $CO_2$-Senken vergrößert werden, was aber ungleich schwieriger wäre. Aufforstung wäre eine Möglichkeit, um die Landsenke zu vergrößern. Die zur Verfügung stehenden Flächen sind allerdings begrenzt, sodass Aufforstung allein nicht ausreichen würde, um die $CO_2$-Emissionen zu kompensieren. Technische Maßnahmen zur Entfernung von $CO_2$ aus der Luft wären ebenfalls denkbar, wie zum Beispiel das Pumpen nährstoffreichen Wassers aus der Tiefe an die Meeresoberfläche, um das Algenwachstum zu verstärken. Mehr Algen würden der Atmosphäre mehr $CO_2$ entnehmen und dienten damit dem Klimaschutz. Wie wirksam so etwas sein kann, ist allerdings in der Wissenschaft umstritten und aktueller Forschungsgegenstand.[68] Technische Maßnahmen zur Entfernung von Kohlendioxid aus der Atmosphäre sollten auf jeden Fall nachhaltig sein, keine neuen Umweltprobleme verursachen und den nachfolgenden Generationen keine allzu großen finanziellen Lasten aufbürden.

Zum Schluss dieses Kapitels möchte ich noch auf eine Frage eingehen, die mir schon oft gestellt worden ist. Vielleicht sind Sie selbst schon einem scheinbaren Paradoxon begegnet, das Sie bisher nicht auflösen konnten: Methan erzeugt pro Molekül einen über 20-mal stärkeren Treibhauseffekt als Kohlendioxid, doch die Wissenschaft scheint darüber weniger besorgt zu sein. Warum ist dies so? Zum einen, weil das Methan eine viel geringere Konzentration in der Atmosphäre besitzt als das Kohlendioxid. Der Gehalt von Methan ist um einen Faktor von über 200 niedriger als der von $CO_2$. Was hier aber wirklich wichtig ist, ist die Tatsache, dass das Methan eine recht kurze Lebensdauer von nur etwa einem Jahrzehnt besitzt, bevor es durch chemische Reaktionen in der Atmosphäre zerstört wird. Das macht das Methanproblem weniger gravierend als das $CO_2$-Problem, da man erwarten darf, dass die Natur den Schlamassel aufräumen wird, wenn die Menschheit kein Methan mehr ausstößt. Dies ist beim $CO_2$ nicht der Fall.

Klimaschutz muss aber selbstverständlich auch die Verringerung der Nicht-$CO_2$-Treibhausgase zum Ziel haben, was in bestimmten Fällen sogar einfacher wäre als die Vermeidung von Kohlendioxid. Beispiele wären eine bessere Kontrolle der Methanleckagen bei der Gewinnung und Verteilung fossiler Brennstoffe, die Verringerung und bessere Bewirtschaftung von Industrieabfällen, eine Reihe von landwirtschaftlichen Praktiken, einschließlich der Verringerung der Lachgasemissionen durch verbesserten Düngemitteleinsatz und die Reduzierung der Methanemissionen aus der Tierhaltung durch veränderte Ernährungsgewohnheiten oder geänderte Düngermanagementpraktiken. Das Kohlendioxid aber ist das Problemgas Nummer eins, wenn es um die Erderwärmung geht, wie unten noch detaillierter ausgeführt wird. Man könnte sich aber durch die schnelle Verringerung der Emissionen der anderen Treibhausgase etwas Zeit erkaufen.

## *Der natürliche Treibhauseffekt*

Über die Ursache der schnell voranschreitenden Erderwärmung wird in der Öffentlichkeit immer noch heftig gestritten. In der Wissenschaft hingegen ist die Sache klar: Es ist die Menschheit durch den Ausstoß von Treibhausgasen, allen voran Kohlendioxid, die in erster Linie für die steigenden Temperaturen auf dem Planeten verantwortlich ist. In der heutigen Zeit gilt jedoch mehr denn je der Satz: „Wissen ist Macht." Auf uns stürzt pausenlos eine Flut von Informationen ein, seriöse und unseriöse, die es zu bewerten gilt. Und deswegen müssen wir uns zunächst mit einigen dem Klimaproblem zugrunde liegenden fundamentalen naturwissenschaftlichen Grundlagen vertraut machen. Nur dann kann man sich eine wissensbasierte Meinung darüber bilden, worin der Klimawandel überhaupt besteht, was seine Ursachen sind und wie bedrohlich er in der Zukunft werden könnte. Dies ist alles andere als einfach, aber unerlässlich, wenn man zum Beispiel in Diskussionen über das Thema Klimawandel bestehen möchte. Die Komplexität des Erdsystems und die komplizierten Strahlungsprozesse in der Atmosphäre sind nämlich ein gewichtiger Grund für den „Erfolg" der Klimaskeptiker. Denn komplexe Probleme sind naturgemäß schwer zu durchschauen und erleichtern gezielte Desinformation.

Zuallererst muss man begreifen, warum das Klima auf der Erde relativ mild ist, wenngleich die Erdtemperaturen in der Vergangenheit durchaus erheblichen Schwankungen unterworfen waren. Ein Blick auf die anderen Planeten in unserem Sonnensystem zeigt, dass die Erde in klimatischer Hinsicht eine Ausnahmestellung einnimmt. Nur sie weist moderate Temperaturen auf ihrer Oberfläche auf. Und nur deswegen vermochte es die Erde im Gegensatz zu allen anderen Planeten, Leben hervorzubringen. Betrachten wir zur Veranschaulichung dieses Sachverhalts unsere beiden Nachbarplaneten: die Venus und den Mars. Auf der Oberfläche der Venus herrschen extrem heiße Temperaturen von im Mittel weit mehr als 400 Grad. Dagegen ist es auf der Oberfläche des Mars eisig, mit Temperaturen von weit unter dem Gefrierpunkt. Dort herrschen im Mittel um die minus 60 Grad, wobei es aber erhebliche Unterschiede zwischen Tag und Nacht und zwischen Äquator und Pol gibt. Die Temperaturunterschiede zwischen den Planeten Erde, Venus und Mars sind hauptsächlich die Folge des unterschiedlich starken Treibhauseffekts. Deswegen werden wir uns als Erstes mit der Wirkungsweise des Treibhauseffekts befassen.

Beginnen wir mit dem irdischen Treibhauseffekt. Der große französische Mathematiker und Physiker Jean Baptiste Joseph Fourier war es, der das Phänomen in gewisser Weise schon vor fast 200 Jahren postuliert hatte.[69] Fourier hatte berechnet, dass ein Himmelskörper mit der Größe der Erde und der entsprechenden Entfernung von der Sonne eigentlich nicht so warm sein dürfte, wie er tatsächlich ist. Es musste deshalb neben der Sonnenstrahlung einen Faktor geben, der den Planeten wärmer hält. Fourier erkannte, dass die von der Sonne kommende Energie in Form von sichtbarem und ultraviolettem Licht – damals „leuchtende Wärme" genannt – leicht durch die Erdatmosphäre hindurch scheinen kann und die Erdoberfläche erwärmt, dass aber die von der Oberfläche der Erde abgestrahlte „nichtleuchtende Wärme", die man heute als Infrarotstrahlung bezeichnet, es nicht so leicht zurück in die entgegengesetzte Richtung schafft. Die Atmosphäre musste so ähnlich wie eine isolierende Decke wirken. Mit dieser Vorstellung hatte Fourier verdammt recht. Seine

Theorie war aber noch nicht vollständig, weil er sich nicht erklären konnte, auf welche Weise die Atmosphäre die Erdoberfläche erwärmt.

Inzwischen kennen wir die Prozesse in der Atmosphäre sehr gut. Die ungefähr 6000 Grad heiße Sonne sendet hauptsächlich kurzwellige Strahlung, das sichtbare und ultraviolette Licht, zur Erde, mit einem Maximum der Strahlungsenergie bei einer Wellenlänge von etwa 0,5 µm,[70] die zwischen blau und grün liegt.[71] Die im Vergleich zur Sonne relativ kalte Erde sendet ihrerseits langwellige, nichtsichtbare Infrarotstrahlung in einem Wellenlängenbereich von etwa 3 bis 50 µm in Richtung des Weltalls.[72] Auf einer Erde ohne eine Atmosphäre wäre die Oberflächentemperatur ausschließlich durch die Bilanz der einfallenden Sonnenstrahlung, abzüglich des in den Weltraum rückreflektierten Teils, und der von der Erde abgestrahlten Infrarotstrahlung bestimmt. In diesem Fall wäre es auf der Erdoberfläche mit im Mittel ungefähr minus 18 Grad[73] bitterkalt, wie es Fourier schon wusste.

Bei einer Erde mit einer Atmosphäre müssen wir die Funktion der Lufthülle als „Decke" mitberücksichtigen. Die Luftmoleküle absorbieren nur einen kleinen Teil der einfallenden Sonnenstrahlung, aber einen Großteil der von der Erde ausgehenden Infrarotstrahlung. Die Luftmoleküle emittieren ihrerseits ebenfalls Infrarotstrahlung, und dies in alle Richtungen. Damit erhält die Oberfläche zusätzlich Energie, die man als Gegenstrahlung bezeichnet. Infolgedessen muss sich die Erdoberfläche erwärmen. Das ist der Treibhauseffekt. Die Atmosphäre wirkt also in der Tat so ähnlich wie eine schützende Decke, die die Erdoberfläche umhüllt und sie schön warmhält. Die an dem Treibhauseffekt beteiligten Prozesse sind allerdings höchst kompliziert und nur mithilfe der Quantenphysik exakt zu beschreiben.

Der Treibhauseffekt ist eine natürliche Eigenschaft der Lufthülle. Er ist der Faktor, der für die zusätzliche Erwärmung der Erdoberfläche sorgt, dessen Existenz schon Fourier postuliert hatte. Damit ist der Treibhauseffekt der Garant für die milden Temperaturen auf der Erde. Die mittlere Erdoberflächentemperatur beträgt derzeit im globalen Mittel ungefähr plus 15 Grad. Dabei ist zu beachten, dass die Temperatur bereits wegen der anthropogenen Verstärkung des Treibhauseffekts um gut ein Grad gegenüber der vorindustriellen Zeit angestiegen ist.

Die Stärke des Treibhauseffekts hängt von der Zusammensetzung der Atmosphäre ab. Die trockene Luft der irdischen Atmosphäre besteht zu 78 Prozent aus Stickstoff (N) und zu 21 Prozent aus Sauerstoff ($O_2$). Der verbleibende kleine Rest wird kollektiv als Spurengase bezeichnet. Das Edelgas Argon (AR) hat einen Anteil von etwa 0,9 Prozent. Der Anteil des Wasserdampfs ($H_2O$)[74] in der feuchten Luft ist zeitlich und räumlich sehr variabel. Er hängt von der Temperatur der Umgebungsluft ab und beträgt je nach Region und Tageszeit zwischen ungefähr null und vier Prozent. In den kalten und trockenen arktischen Regionen kann sein Anteil deutlich unter einem Prozent liegen, in Teilen der feuchtwarmen inneren Tropen bei ungefähr vier Prozent. Die Erde bliebe ein frostiger Planet, bestünde die Atmosphäre nur aus ihren Hauptbestandteilen Stickstoff und Sauerstoff, die den überwältigen Teil der Lufthülle ausmachen, denn die beiden Gase beeinflussen das Klima kaum. Einige Spurengase dagegen, allen voran der Wasserdampf und im geringeren Maße das Kohlendioxid, sind äußerst klimawirksam und sorgen für den irdischen Treibhauseffekt, weswegen man sie als Treibhausgase bezeichnet.

Das natürliche Phänomen des Treibhauseffekts sorgt also für die zusätzliche Erwärmung der Erdoberfläche von mehr als 30 Grad gegenüber einer Erde ohne eine Atmosphäre. Der Wasserdampf ist mit einem Anteil von etwas mehr als 60 Prozent das für den natürlichen Treibhauseffekt mit Abstand wichtigste Gas, gefolgt von $CO_2$ mit einem Anteil von etwas mehr als 20 Prozent. Andere Treibhausgase sind bodennahes Ozon, Lachgas und Methan. Die natürlicherweise in der Atmosphäre vorkommenden Treibhausgase sind also trotz ihrer geringen Menge diejenigen Bestandteile der Luft, die der Erde durch ihren Treibhauseffekt das lebensfreundliche Antlitz verleihen. Die Treibhausgase wirken so ähnlich wie das Glas eines Treibhauses. Sie sind im Wesentlichen transparent für die Sonnenstrahlen, aber nur wenig durchlässig für die infraroten Strahlen, die von der Erdoberfläche ausgesendet werden. Natürlich besitzt die Erde kein Glasdach, wie Klimaskeptiker des Öfteren spotten. Lassen Sie uns deswegen weiter in die Physik des irdischen Treibhauseffekts einsteigen, um ihn noch genauer zu verstehen. Sonst wird man den Klimaskeptikern wenig entgegenzusetzen haben, die gerne vorgeben, sie verstünden etwas von Physik, und die mit falschen Behauptungen versuchen, Sie, liebe Leserinnen und Leser, zu beeindrucken.

Zunächst einmal muss man zwingend die Sonnen- von der irdischen Infrarotstrahlung unterscheiden. Die Sonnenstrahlen erwärmen die Erdoberfläche zu einem bestimmten Grad. Die Treibhausgase verhindern allerdings, dass ein Großteil der Wärme in Form von Infrarotstrahlung sofort von der Erdoberfläche zurück in den Weltraum entweichen kann. Denn Treibhausgase wie Wasserdampf und $CO_2$ absorbieren die meisten Infrarotstrahlen. Nur bei ganz bestimmten Wellenlängen, in sogenannten atmosphärischen Fensterbereichen,[75] kann ein kleiner Teil der Infrarotstrahlung fast ungehindert von der Erdoberfläche in den Weltraum gelangen. Besonders wichtig ist hier das große atmosphärische Fenster im Wellenlängenbereich von 8 bis 13 µm. Die Treibhausgase emittieren entsprechend ihrer Temperatur[76] ebenfalls Infrarotstrahlung, und dies in alle Richtungen. Dabei bezeichnet man die von den Treibhausgasen in die Richtung der Erdoberfläche emittierte Infrarotstrahlung, wie oben erwähnt, als atmosphärische Gegenstrahlung, die die Erdoberfläche zusätzlich erwärmt. Bei der Gegenstrahlung handelt es sich demnach nicht, wie fälschlicherweise hin und wieder in populärwissenschaftlichen Beschreibungen des Treibhauseffekts zu lesen ist, um eine einfache Reflexion der ursprünglich von der Erdoberfläche emittierten Infrarotstrahlung oder gar der Sonnenstrahlung, sondern um die in ihre Richtung von den Treibhausgasen emittierte Infrarotstrahlung. Ein Gleichgewichtszustand schließlich, in dem sich die Erdoberfläche nicht permanent erwärmt, kann sich nur dann einstellen, wenn ihre Temperatur ansteigt und dadurch eine erhöhte infrarote Abstrahlung möglich wird.

Glücklicherweise ist der Treibhauseffekt auf der Erde ziemlich moderat, weil die beteiligten Gase in nur äußerst geringen Mengen in ihrer Atmosphäre vorkommen. Zum Vergleich: Die Atmosphäre der Venus besitzt etwa 90-mal mehr Masse als die Erdatmosphäre und besteht zu über 95 Prozent aus $CO_2$. Die enorm große $CO_2$-Menge in seiner Atmosphäre verursacht auf dem Planeten eine Art Supertreibhauseffekt, woraus sich die hohen Temperaturen von weit über 400 Grad auf seiner Oberfläche erklären. Der Mars hingegen besitzt im Vergleich zur Erde eine nur sehr dünne Atmosphäre, die wie die der Venus ebenfalls zu über 95 Prozent aus $CO_2$ besteht. Wegen der nicht nennenswerten Menge von Treibhausgasen in seiner dünnen

Atmosphäre gibt es auf dem Mars so gut wie keinen Treibhauseffekt, was den Roten Planeten zum frostigen Nachbarn der Erde macht.

Diese Betrachtungen zeigen, wie wichtig die Zusammensetzung der Atmosphäre eines Planeten für die Temperatur auf seiner Oberfläche ist, denn die Menge von Treibhausgasen in der Lufthülle bestimmt die Stärke des Treibhauseffekts und damit im erheblichen Maße auch die Oberflächentemperatur. Sowohl ein zu hoher wie auch ein zu geringer Gehalt von Treibhausgasen können zu lebensfeindlichen Bedingungen führen: Auf der Venus ist die $CO_2$-Menge zu hoch, auf dem Mars zu niedrig. Nur die Erde besitzt eine Atmosphäre mit der „richtigen" Menge von Treibhausgasen, die einen „optimalen" Treibhauseffekt verursacht und so die lebensfreundlichen Bedingungen auf ihrer Oberfläche schafft. Damit ist auch das von Klimaskeptikern oft ins Feld geführte „Argument" widerlegt, dass so geringe Treibhausgaskonzentrationen, wie sie in der irdischen Atmosphäre vorkommen, keinen großen Einfluss auf die Oberflächentemperatur des Planeten haben können und deswegen ein Gas wie $CO_2$ mit seinem gegenwärtigen Anteil von gerade mal 0,0411 Prozent an der trockenen Luft irrelevant für das Klima auf der Erde sei. Von dem relativen Anteil eines Stoffes in einem Medium auf seine Wirkung zu schließen ist wissenschaftlicher Unfug. Das beweisen zum Beispiel die Medikamente, die viele Menschen täglich einnehmen. Die Wirkstoffe kommen meistens in nur äußerst geringen Konzentrationen vor, und dennoch haben sie den gewünschten Effekt.

## Der anthropogene Treibhauseffekt

Beim Klimaproblem geht es um den *anthropogenen*, d. h. um den durch die Menschen verursachten *zusätzlichen* Treibhauseffekt, den man von dem oben beschriebenen *natürlichen* Treibhauseffekt unterscheiden muss. Der anthropogene Treibhauseffekt hat in erster Linie mit dem Anstieg des atmosphärischen $CO_2$-Gehalts zu tun. Das überschüssige $CO_2$ hat einen Anteil von ungefähr Zweidrittel an dem anthropogenen Treibhauseffekt durch die sogenannten gut durchmischten oder langlebigen Treibhausgase,[77] gefolgt von Methan mit 17 Prozent, den halogenierten Kohlenwasserstoffen mit insgesamt elf Prozent und Lachgas mit sechs Prozent (Abb. 4). Wegen seiner überragenden Bedeutung für die Erderwärmung wollen

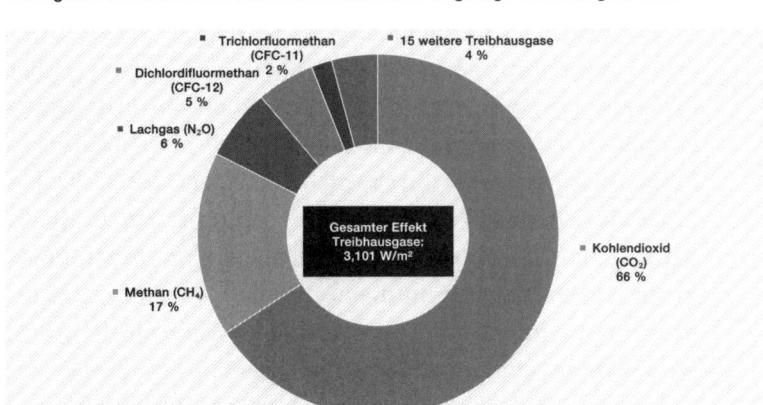

*Abb. 4: Beiträge zum anthropogenen Treibhauseffekt durch die langlebigen Treibhausgase. Quelle: Umweltbundesamt, mit Daten des National Centers for Environmental Information (NOAA)*

wir uns hier auf das $CO_2$ beschränken. Um Missverständnissen vorzubeugen, soll noch einmal darauf hingewiesen werden, dass der Wasserdampf mit seinem Anteil von gut 60 Prozent hauptverantwortlich für den natürlichen Treibhauseffekt ist, der nur zu etwa einem knappen Viertel vom Kohlendioxid versursacht wird. Gerade Klimaskeptiker „vergessen" gerne mal den Unterschied zwischen dem natürlichen und dem anthropogenen Treibhauseffekt, um die Klimawirksamkeit von $CO_2$ kleinzureden.

Die Menschheit ist dabei, das eigentlich segensreiche Phänomen des irdischen Treibhauseffekts durch den Eintrag von Treibhausgasen in die Atmosphäre zu verstärken. Sollte der Gehalt dieser Gase in der Luft, insbesondere der des Kohlendioxids, in den kommenden Jahrzehnten weiterhin schnell ansteigen, käme es zu einer globalen Erwärmung, die für die Menschheit in Ausmaß und Geschwindigkeit einmalig wäre. Darüber gibt es schon lange keinen Streit in der Wissenschaft.

In diesem Zusammenhang ist es wichtig, daran zu erinnern, dass es im Klimasystem eine Reihe verstärkender Prozesse gibt, die man in der Physik als positive Rückkopplungen bezeichnet. Eine anfängliche Temperaturerhöhung, beispielsweise durch mehr $CO_2$ in der Luft, hat unweigerlich einen höheren atmosphärischen Wasserdampfgehalt zur Folge. Je höher ihre Temperatur ist, umso mehr Wasserdampf kann die Luft halten. Weil der Wasserdampf ein sehr starkes Treibhausgas ist, verdoppelt sich in etwa durch seinen Anstieg die Erwärmung durch das $CO_2$.[78] Der Weltklimarat hatte schon 1990 in seinem ersten Sachstandsbericht auf die verstärkende Wirkung des Wassersdampfs hingewiesen. Hinzu kommen noch andere positive Rückkopplungen wie der Rückzug von Eis- und Schneeflächen bei steigenden Temperaturen, wodurch sich das Reflexionsvermögen der Erdoberfläche für die Sonnenstrahlen verringert und entsprechend mehr Sonnenstrahlung von ihr absorbiert werden kann, was zu einer weiteren Erwärmung führt. Man darf weder die verstärkenden noch die dämpfenden Prozesse außer Acht lassen, wenn man die volle Klimawirkung von Kohlendioxid bewerten möchte, was natürlich auch für die anderen Treibhausgase gilt, die von der Menschheit ausgestoßen werden.

An dieser Stelle möchte ich auf die Klimaskeptiker zurückkommen, die, neben vielen anderen Dingen, auch die Klimawirkung von zusätzlichem Kohlendioxid in der Atmosphäre in Zweifel ziehen. Die Skeptiker behaupten, dass grundlegende physikalische Betrachtungen einen Einfluss von mehr Kohlendioxid in der Luft auf die Oberflächentemperatur der Erde überhaupt nicht oder in einem nur äußerst geringen Maße zulassen würden. Um ihr „Argument" zu stützen, stellen die Skeptiker zwei abstruse Thesen in den Raum. Um die beiden Thesen zu widerlegen, müssen wir leider noch tiefer in die dem Treibhauseffekt zugrunde liegende Physik und in die in der Atmosphäre stattfindenden Strahlungsprozesse einsteigen.

Skeptiker-These I: Klimaskeptiker stellen gerne die Existenz des natürlichen Treibhauseffekts infrage, den Heerscharen von Wissenschaftlern schon längst nachgewiesen haben.[79] Wenn es das Phänomen des Treibhauseffekts gar nicht gibt, dann kann man es auch nicht verstärken. Und damit sind die Menschen aus dem Schneider, wenn es um die Ursache der globalen Erwärmung geht. Deswegen müssten die anthropogenen Treibhausgasemissionen auch nicht gesenkt werden. Der Treibhauseffekt sei physikalischer Unsinn, weil er den fundamentalen Gesetzen der Physik widerspreche. Konkret haben die Klimaskeptiker den Zweiten Hauptsatz der Thermodynamik im

Visier. Den kennt außerhalb der Naturwissenschaften natürlich kaum jemand, und deswegen können die Klimaskeptiker wunderbar mit dem physikalischen Gesetz an die Menschen herantreten, um sie damit zu verwirren. Dass der Treibhauseffekt dem Zweiten Hauptsatz der Thermodynamik widerspreche, klingt in der Tat höchst wissenschaftlich, wodurch sich offensichtlich einige Menschen beeindrucken lassen. Die Behauptung ist aber trotzdem dummes Zeug.

Der Zweite Hauptsatz der Thermodynamik besagt, dass Wärme nicht von einem kälteren Körper, der Atmosphäre, zu einem wärmeren Körper, der Erdoberfläche, fließen kann. Das Gesetz gilt allerdings nur für abgeschlossene Systeme. Die Erde ist aber kein abgeschlossenes System, weil sie zum einen Energie von der Sonne erhält und zum anderen selbst Energie in Form von Infrarotstrahlung in den Weltraum abgibt. Für die Bilanz an der Erdoberfläche müssen alle Energieflüsse berücksichtigt werden, also zusätzlich zur infraroten Abstrahlung die atmosphärische Gegenstrahlung und die Sonnenstrahlung. Daneben gibt es noch zwei weitere Prozesse, die sogenannten turbulenten Wärmeflüsse,[80] die Wärme sehr effektiv durch Konvektion und Evapotranspiration (Verdunstung und Kondensation von Wasser) von der Erdoberfläche in die Atmosphäre transportieren und die man ebenfalls mit in die Energiebilanz einbeziehen muss. Betrachtet man nun alle Energieflüsse zwischen der Erdoberfläche und der Atmosphäre, strömt die Wärme selbstverständlich von der relativ warmen Erdoberfläche in die kältere Atmosphäre, genau so, wie es der Zweite Hauptsatz der Thermodynamik auch verlangt.

Skeptiker-These II: Ein anderes, leider nur für Spezialisten zu widerlegendes „Argument" der Klimaskeptiker besagt, dass eine höhere atmosphärische $CO_2$-Konzentration so gut wie keine zusätzliche Klimawirkung mehr entfalten kann, weil es bereits so viel $CO_2$ in der Luft gibt, dass inzwischen eine „Sättigung" in der Strahlungsabsorption eingetreten ist. Dieses „Argument" zeigt einmal mehr, dass die Klimaskeptiker nicht viel über die Strahlungsvorgänge in der Atmosphäre wissen oder wissen wollen. Die Absorption der von der Erdoberfläche ausgehenden Infrarotstrahlung durch $CO_2$ erfolgt im Wesentlichen in der sogenannten 15-µm-$CO_2$-Bande. Als Bande bezeichnet man einen Bereich von Wellenlängen, in dem Strahlung von einem Stoff absorbiert werden kann. In der 15-µm-$CO_2$-Bande ist nach Behauptung der Klimaskeptiker die Absorption bereits so stark, dass eine Zunahme der $CO_2$-Konzentration die Durchlässigkeit der Atmosphäre für Infrarotstrahlung nicht mehr verändert und damit auch keinen Einfluss mehr auf die Temperatur an der Erdoberfläche besitzt. In der Tat ist das Zentrum der 15 µm-$CO_2$-Bande weitgehend gesättigt. Dies gilt aber nicht für die Flankenbereiche, also für die Wellenlängen jenseits des Zentrums, d. h. an den Rändern der Absorptionsbande. Um dies zu erkennen, sind allerdings äußerst präzise Labormessungen notwendig, die nur von wenigen entsprechend eingerichteten Instituten mit der erforderlichen Genauigkeit durchgeführt werden können. In den Hobbykellern der Skeptiker finden sich solche Apparaturen sicherlich nicht.

Die Präzessionsmessungen zeigen bei einer Wellenlänge von 13 µm und auch im Wellenlängenbereich zwischen 10,1 µm und 10,8 µm, einer sogenannten Nebenbande des $CO_2$, keine vollständige Absorption. Im Umkehrschluss heißt dieser Sachverhalt, dass in diesen Spektralbereichen immer noch eine zusätzliche Absorption von Infrarotstrahlung durch mehr $CO_2$ möglich ist. Das große atmosphärische Fenster im Spektralbereich von 8 µm bis 13 µm, in dem die Infrarotstrahlung bisher fast ungehindert von der Erdoberfläche in den Weltraum entweichen konnte, wird enger. Deswegen wird eine weitere $CO_2$-Zunahme in der Atmosphäre immer noch zu einer Verstärkung des Treibhauseffekts und zu steigenden Temperaturen an der Erdoberfläche führen. Was die Skeptiker dazu treibt, zu behaupten, dass mehr $CO_2$ in der Luft keinen Klimaeffekt hat, weiß ich nicht. Man könnte ihnen zugutehalten, dass sie vielleicht unzureichende Daten verwenden, um ihre Behauptungen zu stützen, und keine Kenntnis von den präzisen Labormessungen haben. Mit einem „gesunden" Halbwissen sollte man sich aber nicht zu weit aus dem Fenster lehnen und schon gar nicht an die Öffentlichkeit treten. Oder die Skeptiker bestreiten die wissenschaftlichen Ergebnisse zum Klimaeinfluss des Kohlendioxids, weil sie bestimmte Interessen verfolgen. Beides ist mir während meines langjährigen Umgangs mit Klimaskeptikern begegnet.

Die Verstärkung des Treibhauseffekts, der sogenannte Strahlungsantrieb, verringert sich allerdings mit zunehmendem $CO_2$-Gehalt der Luft und ist nicht durch eine gerade Linie gegeben, sondern folgt einer logarithmischen Abhängigkeit[81] (Abb. 5). Aus diesem Grund verdoppelt sich der Strahlungsantrieb nicht jedes Mal, wenn sich die $CO_2$-Konzentration verdoppelt, sondern die Erdoberfläche erhält bei jeder $CO_2$-Verdopplung einen festen Betrag mehr Energie.

Lassen Sie uns zum Schluss dieses Kapitels noch auf ein Missverständnis eingehen. Man liest des Öfteren, dass ein weiterer $CO_2$-Anstieg in der Atmosphäre wegen der logarithmischen Abhängigkeit des Strahlungsantriebs von der $CO_2$-Konzentration nicht mehr so schlimm sein würde. Wenn sich zum Beispiel der $CO_2$-Gehalt der Luft von

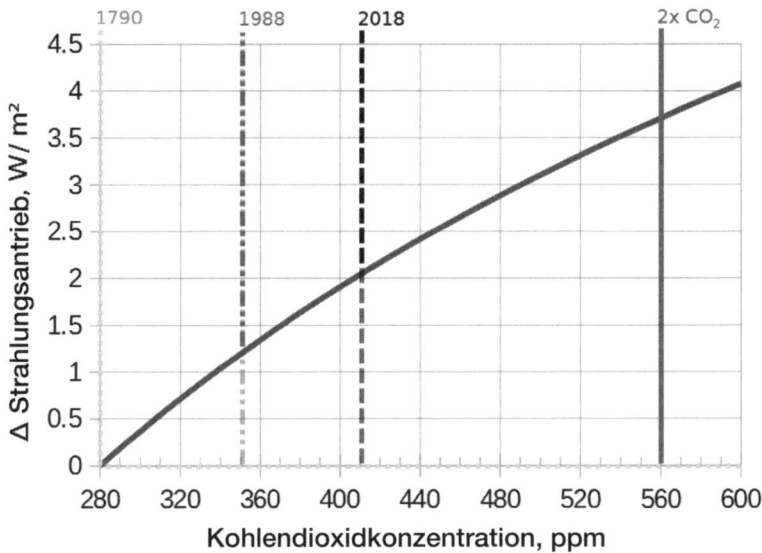

Abb. 5: Der Strahlungsantrieb in Watt pro Quadratmeter (W/m²) in Abhängigkeit der $CO_2$-Konzentration (ppm). Die graue vertikale Linie entspricht in etwa der Verdopplung des vorindustriellen $CO_2$-Gehalts der Atmosphäre (2×$CO_2$), die gestrichelten Linien die $CO_2$-Konzentrationen der Jahre 1988 und 2018. Der Strahlungsantrieb ist ein Maß für die Verstärkung des Treibhauseffekts. Quelle: https://skepticalscience.com/why-global-warming-can-accelerate.html

seinem vorindustriellen Wert von etwa 280 ppm[82] auf 560 ppm verdoppelt, dann verstärkt sich der Treibhauseffekt um 3,7 W/m² (Abb. 5). Der Treibhauseffekt würde sich um den gleichen Betrag verstärken, wenn sich der Gehalt des Gases noch einmal verdoppelt, von 560 ppm auf 1120 ppm. Der Effizienzverlust bei der Strahlungsabsorption kommt allerdings erst bei sehr hohen $CO_2$-Konzentrationen so richtig zum Tragen, weil wir uns heute noch im fast linearen Bereich befinden, d. h. in dem in der Abb. 5 gezeigten Bereich, in dem die Kurve des Strahlungsantriebs immer noch recht steil nach oben zeigt. Halten wir fest: Ein weiterer Anstieg des atmosphärischen $CO_2$-Gehalts wird nach den Gesetzen der Physik einen weiteren Temperaturanstieg nach sich ziehen, weswegen die $CO_2$-Emissionen schnell sinken müssen, um eine übermäßige Erderwärmung zu vermeiden.

## *Belege für die anthropogene Klimabeeinflussung*

Angesichts der steigenden Treibhausgaskonzentrationen in der Luft stellt sich die Frage, was man heute schon an Klimaveränderungen beobachten und ob man diese bereits als Belege für die menschliche Klimabeeinflussung werten kann. Alle Belege für die anthropogene Klimabeeinflussung können hier nicht beschrieben werden. Dies würde den Umfang des Buches sprengen. Deswegen möchte ich mich hier auf einige der wichtigsten Beobachtungen und auf einige wenige, aber wegweisende Simulationen mit Klimamodellen beschränken.

### *Temperatur*

Die Erde hat sich seit 1880 um etwas mehr als ein Grad erwärmt, parallel zum Anstieg des atmosphärischen $CO_2$-Gehalts (Abb. 1). Dass sich die Erde erwärmt hat, ist alles andere als eine Überraschung und wurde schon vor über einem Jahrhundert für den Fall prognostiziert, dass der atmosphärische $CO_2$-Gehalt ansteigen sollte. Der schwedische Chemie-Nobelpreisträger Svante Arrhenius hatte 1896 die physikalischen Gesetze genutzt, um mit Papier und Bleistift den Einfluss des $CO_2$-Gehalts der Luft auf die Temperatur der Erde zu berechnen, und dies für die verschiedenen Jahreszeiten und Breitenzonen. Seine Arbeit trägt den Titel *Über den Einfluss von Kohlensäure in der Luft auf die Bodentemperatur.*[83] Mit Kohlensäure benannte er das Kohlendioxid. Arrhenius kalkulierte einen globalen Temperaturanstieg an der Erdoberfläche von etwa fünf Grad für den Fall, dass sich der atmosphärische $CO_2$-Gehalt verdoppeln würde. Damit berechnete er als Erster die sogenannte Klimasensitivität. Sie gibt an, um wie viel Grad die globale Mitteltemperatur an der Erdoberfläche im Falle der Verdopplung der vorindustriellen atmosphärischen $CO_2$-Konzentrationen im Gleichgewicht ansteigen würde. Dabei ist zu beachten, dass das Gleichgewicht wegen der Trägheit des Klimas nicht schon zum Zeitpunkt der $CO_2$-Verdopplung erreicht wird, sondern erst deutlich später. Die heutigen Klimamodelle legen eine Klimasensitivität von 1,5 bis 4,5 Grad nahe,[84] wobei der beste Schätzwert bei ungefähr drei Grad liegt. Die Berechnung der Klimasensitivität durch Arrhenius war also vielleicht etwas zu hoch ausgefallen, Arrhenius selbst aber hatte in seiner Arbeit schon eine mögliche Überschätzung der von ihm berechneten globalen Erwärmung thematisiert. Interessanterweise berechnen einige neuere Klimamodelle eine Klimasensitivität, die in der Nähe des Wertes von Arrhenius liegt.[85, 86] Die Unsicherheit bezüglich der Klimasensitivität ist nach wie vor groß, was einmal mehr zeigt, dass wir besser nicht abwarten sollten, bis uns die Natur die Antwort auf die Frage liefert, wie groß die Klimasensitivität tatsächlich ist.

Gleichwohl kann Arrhenius' über hundert Jahre alte wissenschaftliche Publikation über den Einfluss des $CO_2$ auf die Temperatur des Planeten als Meilenstein in der Klimaforschung und als wichtiger Beleg für die anthropogene Klimabeeinflussung gelten, hatte er doch schon damals einen deutlichen Temperaturanstieg vorausgesagt, sollte die $CO_2$-Konzentration in der Luft stark ansteigen. Genau dies ist passiert. Was wir gerade im Klimasystem erleben, hat es in dieser Form während der letzten Jahrtausende nicht gegeben. Die Erde hat sich seit Beginn der Industrialisierung schon um etwas mehr als ein Grad erwärmt, obwohl es in den 5000 Jahren zuvor einen leichten Abkühlungstrend gegeben hatte (Abb. 6). Außerdem wa-

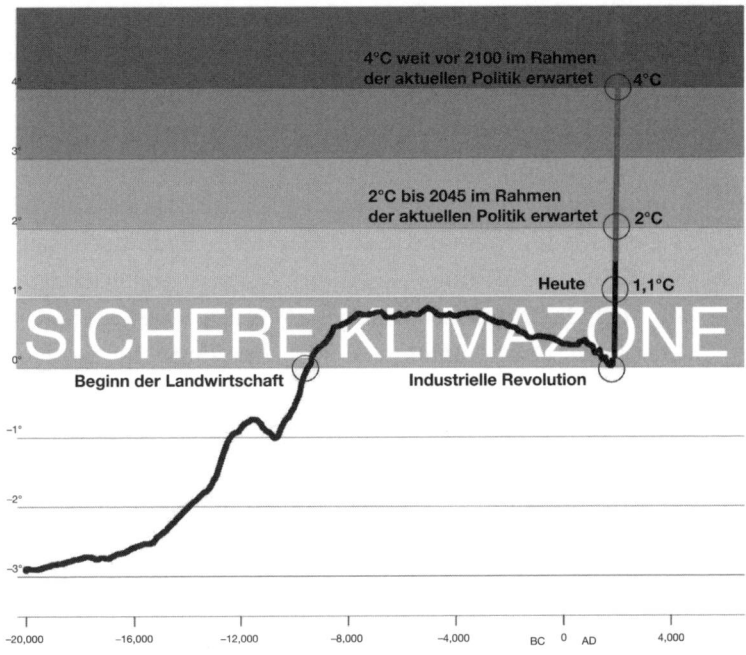

*Abb. 6: Rekonstruierte global gemittelte Temperatur (°C) an der Erdoberfläche als Abweichung von der vorindustriellen Zeit seit dem Höhepunkt der letzten Eiszeit vor etwa 20 000 Jahren und die instrumentellen Messungen seit 1880 (beide in schwarz) sowie die mögliche globale Erwärmung bis zum Ende des 21. Jahrhunderts (grau) unter Zugrundelegung der aktuellen Politiken. Quelle: https://sites.google.com/site/irelandclimatechange/global-warming-will-happen-faster-than-we-think*

ren die durchschnittlichen Temperaturen auf der Erde während der letzten Jahrzehnte mit sehr hoher Wahrscheinlichkeit die wärmsten seit mindestens 2000 Jahren.

Ein Grad globale Erwärmung klingt nach wenig. Wenn man aber bedenkt, dass der Temperaturanstieg zwischen dem Höhepunkt der letzten Eiszeit (Weichsel-Glazial) vor ungefähr 20 000 Jahren und dem „Klimaoptimum" des

Holozäns[87] vor ungefähr 7000 Jahren „nur" ungefähr vier Grad im globalen Mittel betragen hat (Abb. 6), erscheint das eine Grad in einem ganz anderen Licht. Darüber hinaus ist die Geschwindigkeit des gegenwärtigen Temperaturanstiegs im Vergleich zu den Änderungen während der vorangehenden Jahrtausende absolut außergewöhnlich,[88] was schon für sich allein auf die Menschheit als Ursache für die Erderwärmung hindeutet. Was wir jetzt erleben, ist aber erst der Beginn. Bei weiter steigenden anthropogenen Treibhausgasemissionen sind bis zum Ende des 21. Jahrhunderts Temperaturanstiege von global vier Grad oder mehr gegenüber der vorindustriellen Zeit möglich. Die Menschheit würde sich in diesem Fall buchstäblich in eine Heißzeit katapultieren, in ein Klima mit so hohen Temperaturen, wie sie sie bisher nicht kannte.

Natürlich hat es während der letzten Jahrtausende prominente Klimaschwankungen gegeben. Diese waren aber in erster Linie regionaler Natur. Viele Menschen haben zum Beispiel die Kleine Eiszeit, die sich zwischen ca. 1400 bis 1850 ereignete, buchstäblich vor Augen. Unsere Vorstellung der damaligen Zeit ist geprägt von Gemälden, wie das von Hendrick Avercamp aus dem Jahr 1608, das schlittschuhlaufende Menschen auf zugefrorenen holländischen Grachten zeigt, oder auch von Gemälden, die Gletscher abbilden, die weit in die Alpentäler vorstoßen. Auch das 1725 veröffentlichte musikalische Meisterwerk Antonio Vivaldis *Die vier Jahreszeiten* deutet auf die Kältephase hin. Der Komponist lebte in Venedig, während er das Musikstück schuf. Die Lagune von Venedig fror damals regelmäßig zu. Sie war ein Tummelplatz für Schlittschuhläufer, deren Geräusche Vivaldi musikalisch verarbeitete. Die Hauptursache für die Kleine Eiszeit waren höchstwahrscheinlich eine Reihe explosiver Vulkanausbrüche, die große Mengen von Schwefelgasen in die Stratosphäre (10 bis 50 Kilometer) geschleudert hatten. Aus den Gasen bildeten sich winzig kleine Schwefelsäuretropfen, die sich um den Erdball verteilten und einen Teil der Sonnenstrahlung zurück in den Weltraum reflektierten, was zu einer Abkühlung auf der Erde führte. Auf explosive Vulkanausbrüche als Ursache für die Kleine Eiszeit deuten auch Gemälde von Caspar David Friedrich (1774–1840) oder William Turner (1775–1851) hin, auf denen farbenprächtige Sonnenaufgänge und Untergänge zu sehen sind, die eine typische Auswirkung von hochreichenden Vulkanausbrüchen sind. Eine etwas schwächere Sonneneinstrahlung hat vermutlich, aber in einem geringeren Maße, ebenfalls zum Temperaturrückgang während der Kleinen Eiszeit beigetragen.

Dass es in Europa mehrere Jahrhunderte lang außergewöhnlich kühl war, ist auch durch Temperaturrekonstruktionen mithilfe von Baumringen belegt. Weil es für Nordamerika Rekonstruktionen gibt, die ebenfalls recht kalte Temperaturen zeigen, mutmaßte man zunächst, dass es sich bei der Kleinen Eiszeit um eine globale Klimaschwankung gehandelt haben könnte. Ähnliches vermutete man auch für die Mittelalterliche Warmzeit, die Wärmeperiode zwischen ca. 950 bis 1200. Neuere Forschungen zeigen jedoch, dass sich für die vergangenen 2000 Jahre global einheitliche Warm- und Kaltphasen nicht nachweisen lassen. Zwar war es während der Kleinen Eiszeit auf der ganzen Welt generell kälter, aber nicht überall gleichzeitig. Die Höhepunkte der vorindustriellen Warm- und Kaltzeiten traten zu verschiedenen Zeiten an unterschiedlichen Orten auf. Aus diesem Grund schlagen sich die Mittelalterliche Warmzeit und die Kleine Eiszeit in der global gemittelten Erdoberflächentemperatur so gut wie nicht nieder (Abb. 6). Im

Gegensatz hierzu findet die jetzt stattfindende Erwärmung in allen Breitenzonen gleichzeitig statt und ist sehr deutlich in der Entwicklung der Durchschnittstemperatur sichtbar.

## Meeresspiegel

Die globale Erwärmung zieht vielfältige Folgen nach sich. Besonders prominent ist das Ansteigen der Meeresspiegel. Sie werden seit ungefähr 150 Jahren an Gezeitenpegeln und seit fast 30 Jahren aus dem Weltall mit Satelliten gemessen (Abb. 7). In dem Zeitraum, in dem sich die Pegel- und Satellitenmessungen überschneiden, stimmen sie sehr gut überein. Die Messungen belegen einen schnellen Anstieg der Meeresspiegel. Zwei Faktoren lassen die Pegel im globalen Mittel ansteigen: das Schmelzen der Landeismassen (Eiskappen, Gebirgsgletscher und kontinentale Eisschilde) und die Erwärmung der Ozeane, wodurch sich das Meerwasser ausdehnt. Letzteres lehrt uns die Physik: Jeder Kör-

*Abb. 7: Der global gemittelte Meeresspiegel (mm) seit Beginn der Satellitenmessungen 1993 als Abweichung vom Anfangswert.*
*Quelle: https://climate.nasa.gov/vital-signs/sea-level/. Credit: NASA Goddard Space Flight Center*

per, der sich erwärmt, dehnt sich aus. Die Ozeane haben während der letzten Jahrzehnte über 90 Prozent der Wärme aufgenommen, die durch den Anstieg der atmosphärischen Treibhausgase im Klimasystem verblieben ist. Zum Vergleich: Lediglich ein Prozent der Wärme wurde darauf verwendet, die Atmosphäre zu erwärmen. Drei Prozent der Wärme wurden gebraucht, um die Landmassen zu erwärmen, weitere drei Prozent für die Eisschmelze. Die enorme Wärmeaufnahme der Ozeane ist Fluch und Segen zugleich. Einerseits steigen die Lufttemperaturen weniger schnell an, als es ohne sie der Fall wäre, andererseits steigen die Meeresspiegel schneller an als nur durch die Landeisschmelze.

Seit 1900 sind die Meeresspiegel im globalen Durchschnitt um etwa 25 Zentimeter angestiegen, wobei ungefähr die Hälfte auf die Wärmeausdehnung zurückgeht. Die Anstiegsrate während des 20. Jahrhunderts betrug im Mittel etwa 1,5 Millimeter pro Jahr, seit Beginn der Satellitenmessungen 1993 hat sie durchschnittlich 3,5 Millimeter pro Jahr betragen. Offensichtlich hat sich der Anstieg in den letzten Jahrzehnten gegenüber den Jahrzehnten zuvor erheblich beschleunigt. Eine Beschleunigung ist sogar schon innerhalb der Satellitenperiode festzustellen, was hauptsächlich auf die zunehmende Eisschmelze auf Grönland und in der Antarktis seit der Jahrtausendwende zurückzuführen ist.[89] Die gegenwärtige Anstiegsrate ist in der Rückschau der letzten 2000 Jahre einzigartig. Sollte all dies purer Zufall sein, so wie die gemessene globale Erwärmung auch, was hartnäckig von den Klimaskeptikern behauptet wird? Dafür spricht überhaupt nichts. Neben der Erwärmung weisen also auch die Meeresspiegel mit ihrem rasanten Anstieg während der letzten Jahrzehnte auf eine außergewöhnliche Klimaentwicklung hin, die man einfach nicht mit natürlichen Ursachen erklären kann.

Während der Übergänge von Eiszeiten in die auf sie folgenden Warmzeiten ereigneten sich globale Meeresspiegeländerungen von bis zu 140 Metern. Ein Großteil dieser Änderungen trat innerhalb von 10 000 bis 15 000 Jahren auf, entsprechend einem mittleren Anstieg von 10 bis 15 Millimetern pro Jahr. Diese hohen Geschwindigkeiten können nur anhalten, wenn Phasen extremer Vergletscherung zu Ende gehen und große Eisschilde die Ozeane erreichen. Darüber hinaus zeigen fossile Korallenriffablagerungen, dass während des Übergangs von der letzten Eiszeit zur heutigen Warmzeit der globale Meeresspiegel einmal in weniger als 500 Jahren schlagartig um 14 bis 18 Meter angestiegen ist. Dieses Ereignis ist als Schmelzwasserpuls 1A bekannt. Während dieser Phase erreichte die Geschwindigkeit des Meeresspiegelanstiegs über 40 Millimeter pro Jahr.

Eine weitere Beschleunigung des Meeresspiegelanstiegs gilt in der Wissenschaft als sicher. Um wie viel die Pegel zum Beispiel bis zum Ende des 21. Jahrhunderts steigen werden, ist allerdings ungewiss. Es könnte im globalen Mittel durchaus ein Meter sein und, je nach Temperaturentwicklung, vielleicht auch mehr.[90] Selbst wenn solche Anstiegsraten immer noch unter der des Schmelzwasserpulses 1A liegen, handelt es sich dennoch um Änderungen, die die Menschheit vor große Probleme stellen würde.

Die flächendeckenden Satellitenmessungen offenbaren neben dem mittleren Anstieg auch große räumliche Unterschiede in den Meeresspiegelveränderungen. Dabei können die regionalen Unterschiede durchaus in der Größenordnung des global gemittelten Anstiegs liegen. Es gibt Meeresregionen, in denen die Meeresspiegel besonders schnell angestiegen sind, wie auch einige wenige Gebiete mit fallenden Pegeln. Letzteres versuchen Klimaskeptiker für ihre Zwecke zu instrumentalisieren. Doch selbst fallende Pegel sind leicht zu erklären und deshalb nichts, was die Klimaforscher überraschen würde. Im nördlichen Ostseeraum beispielsweise sind die Meeresspiegel in den letzten Jahren gefallen. Wie kann das angehen? Während der letzten Eiszeit drückten die kilometerdicken Eismassen das Land nach unten. Seit sich das Eis zurückgezogen hat, hebt sich das Land mit einer Geschwindigkeit, die die des anthropogenen Anstiegs des Meeresspiegels übersteigt, weswegen die Pegel fallen. Änderungen der Meeresströmungen führen ebenfalls zu regionalen Unterschieden im Anstieg der Meeresspiegel, ähnlich zu Windänderungen, die sich in Änderungen der Hoch- und Tiefdruckgebiete zeigen. Die Strömungsänderungen spiegeln sich allerdings nicht im globalen Mittelwert wider.

## *Der Beweis*

Es gäbe noch weitere Indikatoren für die menschliche Klimabeeinflussung wie zum Beispiel die Abkühlung der Stratosphäre infolge des anthropogenen Treibhauseffekts,[91] auf die wir hier nicht weiter eingehen werden. Alle Indikatoren zu beschreiben würde den Umfang des Buches sprengen. Trotz der eindeutigen Datenlage fällt es, befeuert durch die scheinbar plausiblen „Argumente" der Klimaskeptiker, vielen Bürgerinnen und Bürgern jedoch immer noch schwer, die Hauptursache der Erderwärmung in den menschlichen Aktivitäten zu sehen. Eines der gewichtigsten „Argumente" der Klimaskeptiker lautet, dass es keinen Beweis dafür gebe, dass der Mensch das Klima verändert. Die anthropogene Klimabeeinflussung sei nur eine unbewiesene Theorie, eine von vielen. Des Öfteren vergleichen Skeptiker die Klimaforschung mit einer Religion, an die man halt glaubt oder auch nicht, und versuchen auf diese

Weise, der Klimaforschung die wissenschaftliche Seriosität abzusprechen.

Greifen wir das „Argument" des fehlenden Beweises auf und fragen, wie denn eigentlich der unumstößliche Beweis aussehen könnte? Wie könnte man zweifelsfrei nachweisen, dass es hauptsächlich die Menschheit ist, die die Erderwärmung verursacht hat? Dazu ein Gedankenexperiment. Um den hundertprozentigen Beweis zu erbringen, würden wir eine Zeitmaschine benötigen. Wir würden mit ihr zurück in die vorindustrielle Zeit reisen, sagen wir ins Jahr 1800. Und dann ließen wir die Menschheit sich noch einmal entwickeln, ohne dass sie Treibhausgase in die Luft blasen würde. In einer solchen Welt würde die Menschheit eine Entwicklung ohne die Nutzung der fossilen Brennstoffe zur Energieerzeugung nehmen und somit auch kein $CO_2$ ausstoßen und auch keine anderen Treibhausgase emittieren. In dieser Welt fänden nur die erneuerbaren Energien wie Sonnen- und Windenergie, Wasserkraft, Erdwärme oder Gezeiten- und Wellenenergie Verwendung, um den Energiehunger der Menschheit zu stillen. Der Verkehr würde ebenfalls keine $CO_2$-Emissionen verursachen. Autos würden auch keine Stickstoffverbindungen ausstoßen, und damit könnte sich auch kein bodennahes Ozon ($O_3$) bilden, das ebenfalls den Treibhauseffekt verstärkt. Und auch die Landwirtschaft käme ohne den Ausstoß von Treibhausgasen wie Methan ($CH_4$) oder Lachgas ($N_2O$) aus. Durch den Vergleich der tatsächlichen mit der zweiten, emissionsfreien Weltentwicklung bekämen wir schließlich die Antwort auf die Frage, welchen Anteil die Menschheit an der Klimaentwicklung seit Beginn der Industrialisierung besitzt.

Die Möglichkeit, mit einer Zeitmaschine zurück in die Vergangenheit zu reisen und die Weltentwicklung noch einmal starten zu lassen, besitzen wir nicht. In der virtuellen Welt der Computer jedoch gibt es diese Möglichkeit. Computersimulationen zählen inzwischen sowohl in der Wissenschaft als auch in der Industrie zum Standardinstrumentarium. So werden Autos, Schiffe oder Flugzeuge heutzutage komplett am Computer entwickelt. Mithilfe von Computerprogrammen kann man knifflige Flugmanöver an Flugsimulatoren durchspielen. Computersimulationen sind eine wahre Erfolgsgeschichte, und sie sind aus der modernen Welt nicht mehr wegzudenken.

Klimawissenschaftler können sich ein ziemlich genaues Abbild der Erde im Computer erschaffen und das irdische Klima simulieren. Solche Simulationen kann man natürlich auch für andere Planeten durchführen.[92] Denn das Klima, egal auf welchem Planeten, unterliegt den Gesetzen der Physik. Atmosphäre, Ozeane, das Eis – sie alle sind physikalische Systeme. Die physikalischen Gesetze sind bekannt und können in Form von mathematischen Gleichungen ausgedrückt werden. Die Gleichungen sind analytisch[93] nicht lösbar, d. h. wir können ihre Lösung nicht einfach hinschreiben, weil sie zu kompliziert sind. Die die Physik des Klimas beschreibende Mathematik ist sehr viel komplexer als die Schulmathematik. Die numerische Mathematik, ein spezieller Zweig der Mathematik, ermöglicht es den Wissenschaftlerinnen und Wissenschaftlern zum Glück, die Gleichungen näherungsweise zu lösen und damit weit über die Möglichkeiten hinauszugehen, die zum Beispiel Svante Arrhenius zur Verfügung standen, als er 1896 seine bahnbrechenden Berechnungen zum Einfluss des $CO_2$ auf die Erdtemperatur durchgeführt hatte. Die numerische Mathematik liefert uns die Anleitung, wie man die Gleichungen lösen kann, ohne sie zu sehr vereinfachen zu müssen, wie es noch vor etwa 50 Jahren die Regel gewesen ist. Der britische Meteorologe Lewis Fry Richardson beschrieb schon 1922 in seinem Buch *Weather Prediction by Numerical Process*, wie man die Methoden der numerischen Mathematik auf die Wettervorhersage anwenden kann.[94]

Lösbar werden die Gleichungen, indem man die Erde mit einem Rechengitter in verschiedenen Höhen oder Tiefen überzieht und dann für jeden Punkt des Rechengitters die Gleichungen unter Einbeziehung der Werte an den übrigen Stützstellen näherungsweise löst. Je enger das Gitter, desto genauer die Lösung. Die Maschenweite des Rechengitters beträgt derzeit typischerweise rund 50 Kilometer. Wegen der extrem großen Anzahl von Gitterpunkten erfordern Klimamodellsimulationen einen enormen Rechenaufwand, den Menschen nicht zu leisten vermögen. Aus diesem Grund schlummerten Richardsons Ideen für eine lange Zeit in der Schublade. Hier kommen nun die Supercomputer ins Spiel, die imstande sind, solche Berechnungen in überschaubarer Zeit durchzuführen. Die Realisierung der mathematischen Gleichungen auf einem Computer bezeichnet man als Klimamodell. Je leistungsfähiger die Computer sind, umso genauer kann die Lösung der Gleichungen bestimmt werden. Die Klimamodelle sind eine digitale Erde. Bildlich gesprochen handelt es sich um eine Erde im Reagenzglas, mit der die Forscher die Vorgänge im Klimasystem studieren und Experimente durchführen können. Auf diese Weise kann man natürlich auch berechnen, wie sich erhöhte atmosphärische Treibhausgaskonzentrationen auf das Klima auswirken. Die Computermodelle liefern die entsprechenden Veränderungen der Temperatur, der Luftfeuchtigkeit oder des Meeresspiegels, wie sich Wetterextreme ändern und vieles mehr wie die Veränderungen der Meereisbedeckung oder der Meeresströmungen.

Um die Qualität eines Klimamodells zu überprüfen, simulieren die Wissenschaftler zunächst das heutige Klima. Sie füttern die Modelle nicht etwa mit den Daten, die sie simulieren wollen, was fälschlicherweise des Öfteren behauptet wird. Die Forscher geben lediglich die sogenannten Randbedingungen wie zum Beispiel die Land-Meer-Verteilung, die Gebirge oder das Relief des Meeresbodens vor. Und natürlich auch die am oberen Rand der Atmosphäre einfallende Sonnenstrahlung oder die Zusammensetzung der Luft. Die dreidimensionale Windverteilung oder die Wolkendeckung, die Strömungen in den verschiedenen Meeresschichten oder die Bedeckung der polaren Ozeane mit Meereis, all dies müssen die Klimamodelle simulieren wie auch ihre jahreszeitlichen Schwankungen. Aus diesem Grund stimmt das Argument der Klimaskeptiker nicht, dass man bei der Überprüfung der Klimamodelle das Ergebnis in Form der Messdaten von vornherein vorgibt. Die Modelle simulieren darüber hinaus Klimaschwankungen von Jahr zu Jahr oder von Jahrzehnt zu Jahrzehnt, die man als interne Klimavariabilität bezeichnet. Selbst wenn die Sonne immer gleich scheint, keine Vulkane ausbrechen oder sich die atmosphärischen Treibhausgaskonzentrationen nicht ändern, schwankt das Klima aufgrund seiner chaotischen Dynamik. Die Charakteristika der simulierten internen Schwankungen, wie die des Klimaphänomens El Niño, während dem sich der tropische Pazifik für einige Monate um mehrere Grad erwärmt,[95] sind von denen der realen Schwankungen kaum zu unterscheiden. Und man vermag mit den Modellen sogar einige der kurzfristigen Klimaschwankungen zu prognostizieren. So können die El-Niño-Ereignisse und ihre kalten Pendants, die La-Niña-Ereignisse, treffsicher einige wenige Monate im Voraus vorhergesagt werden, wodurch die Auswirkungen auf Wirtschaft und Gesundheit in den betroffenen Ländern erheblich verringert werden.

Die Computermodelle liefern zudem wichtige Einblicke in die Dynamik des Klimasystems. Man kann mit ihnen vergangene Klimaschwankungen simulieren, wie etwa die Kleine Eiszeit oder die Mittelalterliche Warmzeit, und deren Ursachen enträtseln. Die Hauptursache für die Kleine Eiszeit waren den Modellen zufolge explosive Vulkanausbrüche, die Schwefelverbindungen hoch in die Atmosphäre eingetragen haben, die nach ihrer Umwandlung in Schwefelsäuretröpfchen einen Teil des Sonnenlichts reflektierten. Eine schwächere auf die Erde treffende solare Einstrahlung, wie sie aus Beobachtungen der Sonnenflecken abgeschätzt worden ist, trägt in den Simulationen ebenfalls zur Abkühlung an der Erdoberfläche bei, allerdings nicht so stark wie die Vulkane. Ohne die beiden Faktoren kann man die Temperaturrückgänge auf der Nordhalbkugel während der Kleinen Eiszeit nicht nachempfinden. Was die Mittelalterliche Warmzeit anbelangt, legen die Modelle nahe, dass es sich um eine Kombination aus stärkerer Sonneneinstrahlung und geringerer Vulkanaktivität handelte – beides wärmende Faktoren. Dazu kam vermutlich eine stärkere Golfstromzirkulation, sodass gerade der nordatlantische Raum besonders warm gewesen ist, was es den Wikingern ermöglicht hatte, weit nach Norden zu segeln.

Die erste Simulation mit einem Computermodell, die die Klimaänderungen als Folge eines erhöhten atmosphärischen $CO_2$-Gehalts berechnete, wurde schon vor über 30 Jahren angestellt.[96] Vergleicht man die damalige Simulation mit der tatsächlichen Klimaentwicklung, ist die Übereinstimmung frappierend. Das simulierte Erwärmungsmuster stimmt in groben Zügen mit den gemessenen Temperaturtrends während der letzten Jahrzehnte überein, was für einen deutlichen Einfluss des $CO_2$ spricht. Die beobachtete Abkühlung der Stratosphäre wurde ebenso vorhergesagt wie auch die Regionen, in denen die im System zurückgehaltene Wärme besonders tief in die Ozeane eindringt. Natürlich kann nicht jedes Detail der damaligen Simulation mit den Beobachtungen übereinstimmen, weil das $CO_2$ zwar ein wichtiger Faktor für die Klimaentwicklung der letzten Jahrzehnte gewesen ist, aber nicht der alleinige. Wenn man bedenkt, wie grobmaschig das Modell war, ist die Computersimulation von damals bemerkenswert. Insofern kann man die Simulation retrospektiv durchaus als einen wissenschaftlichen Durchbruch werten und als einen weiteren Beleg dafür, dass die Erderwärmung der letzten Jahrzehnte hauptsächlich durch die Menschheit und deren Ausstoß von Treibhausgasen verursacht worden ist.

Mit den getesteten Klimamodellen können die Forscher genau das tun, was wir in dem obigen Gedankenexperiment angedacht hatten. Simulationen mit Klimamodellen erlauben es, die relative Rolle der einzelnen externen Klimaantriebe, natürliche wie auch anthropogene, und der internen Klimavariabilität für die Klimaentwicklung während des 20. und frühen 21. Jahrhunderts abzuschätzen. Mit den Modellen können wir den Beweis für die menschliche Klimabeeinflussung erbringen.[97] In einer ersten Simulation fehlen die anthropogenen Einflüsse, die Klimamodelle werden nur mit den natürlichen Antrieben gerechnet. In solchen Rechnungen ändern sich nur die Sonnenstrahlung und die Vulkanaktivität. Zusätzlich kann das Klima infolge der internen chaotischen Dynamik schwanken. Unter diesen Annahmen gibt es in den Simulationen keinen nennenswerten Anstieg der global gemittelten Erdoberflächentemperatur. In einer zweiten Simulation finden in den Klimamodellen sowohl die natürlichen als auch die anthropogenen Antriebe in Form des Anstiegs der atmosphärischen Treibhausgas- und Aerosolkonzentrationen Berücksichtigung. Die Entwicklung der global gemittelten Temperatur in diesen Simulationen zeigt eine sehr gute Übereinstimmung mit der beobachteten Entwicklung. Man kann demnach die globale Erwärmung nicht ohne den Faktor Mensch simulieren. In dieser Hinsicht gibt es einen großen Konsens in der Wissenschaft. Der Weltklimarat beschreibt es so: „Der Einfluss des Menschen auf das Klimasystem ist klar ..."[98]

Die Modelle simulieren ebenfalls in Übereinstimmung mit den Beobachtungen die wesentlichen Charakteristika des räumlichen Musters der Temperaturänderungen seit Mitte des 20. Jahrhunderts, wenn sowohl die natürlichen als auch die anthropogenen Antriebe in den Rechnungen Berücksichtigung finden. So geben die Klimamodelle die besonders starke Erwärmung in der Nordpolarregion wieder, die stärkere Erwärmung der Landregionen gegenüber den Meeresregionen und die geringe Erwärmung über dem Süd-Ozean. Eine Übereinstimmung mit den Beobachtungen kann in keiner Weise festgestellt werden, wenn man lediglich die natürlichen Einflüsse in den Simulationen miteinbezieht. So zeigen viele Regionen der Erde im Gegensatz zu den Messdaten sogar eine leichte Abkühlung, wenn man den Einfluss des Menschen unberücksichtigt lässt. Damit können wir das „Argument" der Klimaskeptiker, dass eine stärker auf die Erde einfallende Sonnenstrahlung der Grund für die Erderwärmung sei, erneut entkräften. In der Tat geht die Sonneneinstrahlung seit Jahrzehnten sogar leicht zurück. Wie kann sie dann für den besonders starken Temperaturanstieg auf der Erde während dieser Zeit verantwortlich sein?

Auch auf diese Frage haben die Klimaskeptiker eine Antwort parat. Es sei nicht die Sonnenstrahlung in Form des Lichtes, sondern das Magnetfeld der Sonne, das wiederum die auf die Erde treffende kosmische Strahlung und schließlich das Klima ändere.[99] Die kosmische Strahlung besteht aus winzigen energiereichen Partikeln wie Protonen und Elektronen.[100] Nimmt das solare Magnetfeld beispielsweise zu, würde weniger kosmische Strahlung die Erde erreichen, und es würden sich, so die Theorie, weniger tiefliegende Wolken bilden, die das Sonnenlicht zurückreflektieren. Ein stärkeres solares Magnetfeld soll also indirekt die Albedo (Reflexionsvermögen) der Erde verringern und damit eine Erwärmung des Planeten bewirken. Danach hätte es während der letzten Jahrzehnte messbare Trends im Magnetfeld der Sonne, in der auf die Erde treffende kosmischen Strahlung und in den tiefliegenden Wolken geben müssen. Dies ist nicht der Fall.[101] Trotzdem ist es aber deutlich wärmer geworden. Zudem steht der Zusammenhang zwischen kosmischer Strahlung und Wolkenbildung ohnehin auf tönernen Füßen. Es gibt keine wissenschaftliche Evidenz dafür, dass es sich um einen Prozess handelt, der bei der Wolkenbildung in der realen Atmosphäre eine wichtige Rolle spielt. Dies zeigt, dass Klimaskeptiker auch gerne mal mit einem irrelevanten Prozess mit großen Brimborium an die Öffentlichkeit treten, um die Menschen in die Irre zu führen.

Wie sieht es mit extremen Wetterereignissen aus, für die Gesellschaften erfahrungsgemäß besonders anfällig sind? Kann man sie unter bestimmten Umständen ebenfalls der Erderwärmung zuordnen? In Deutschland haben die Jahre 2018 und 2019 eine bisher nicht gekannte Zahl von Tagen mit extrem hohen Temperaturen gebracht, die mit dem neuen Temperaturrekord von 42,6 Grad am

25. Juli 2019 im niedersächsischen Lingen ihren bisherigen Höhepunkt fanden. Noch nie zuvor seit Beginn der Messungen 1881 hat man in Deutschland eine so hohe Temperatur gemessen. Außerdem hat man im Zeitraum vom 24. bis 26. Juli 2019 an drei aufeinanderfolgenden Tagen Temperaturen von über 40 Grad gemessen, was für Deutschland ebenfalls einmalig gewesen ist. In Deutschland hat sich die Temperatur seit Beginn der Messungen vor über hundert Jahren um 1,5 Grad erhöht. Mehr heiße Tage und neue Temperaturrekorde würde man deswegen schon aus Plausibilitätsgründen erwarten.

Einzelne Ereignisse aber, wie die jüngst sehr hohen Temperaturen in Deutschland und Europa, direkt auf die Erderwärmung zurückzuführen ist problematisch – allerdings legen bereits einfache physikalische Betrachtungen nahe, dass der Klimawandel die Wahrscheinlichkeit für das Auftreten extremer Wetterereignisse erhöht und auch ihre Intensität beeinflusst. Bei der Frage, welche Rolle die globale Erwärmung bei einzelnen Extremwetterereignissen gespielt hat, können inzwischen auch sogenannte Attributionsstudien herangezogen werden. Computersimulationen werden dabei unter heutigen und unter vorindustriellen Bedingungen durchgeführt. Für jede der zwei Epochen werden hunderte von Simulationen gerechnet. In beiden Fällen wird dann die Wahrscheinlichkeit für das Auftreten einer bestimmten Extremwetterlage wie etwa einer Hitzewelle bestimmt. Forscher des „World Weather Attribution Projekt"[102] haben so eine Analyse für die Rekordhitze in Frankreich Ende Juni 2019 vorgelegt. Die steigenden globalen Temperaturen haben demnach die Wahrscheinlichkeit für eine Hitzeperiode in Frankreich um mindestens das Fünffache erhöht. Außerdem sind die Hitzewellen im Juni in Frankreich heute vier Grad heißer im Vergleich zur vorindustriellen Zeit.

# Stillstand im Kampf ums Klima – warum sich nichts bewegt

*Die Komplexität des Problems*

Die Klimakrise hat viele Facetten und betrifft nahezu alle Bereiche des menschlichen Lebens. Sie ist eine globale Herausforderung und vor allem auch ein in vielerlei Hinsicht überaus komplexes Problem, das alle Wissenschaftsbereiche herausfordert. Die komplizierten Vorgänge im Klimasystem erschweren es beispielsweise, die Auswirkungen der Erderwärmung für jede Region in allen Einzelheiten vorherzusagen, weswegen Entscheidungsträger oftmals geneigt sind, abzuwarten, bis es Sicherheit hinsichtlich der Auswirkungen in ihrer Region gibt. Die kann und wird es niemals zu 100 Prozent geben. So sind einige potenziell wichtige Prozesse nicht gut verstanden oder vielleicht noch gar nicht identifiziert. Ich denke hier insbesondere an die vielfältigen biologischen Vorgänge, für die keine allgemeingültigen Grundgesetzte zur Verfügung stehen, die es in der Physik gibt. Es ist auf der einen Seite vergleichsweise einfach, die globale Erwärmung zu berechnen, wenn sich Treibhausgase mit einer vorgegebenen Rate in der Luft anreichern. Was auf der anderen Seite die steigenden Temperaturen für die Biosphäre bedeuten und wie sich deren Änderungen wiederum auf die Erderwärmung auswirken, ist sehr viel schwieriger zu bestimmen. Klimavorhersagen sind zudem inhärent unsicher, weil sie empfindlich vom angenommenen Szenario für die zukünftigen Treibhausgasemissionen abhängen, weswegen man in der Wissenschaft von Projektionen und nicht von Vorhersagen spricht. Das Klimaproblem kann einen förmlich erschlagen, man kann sich im Dickicht der zahlreichen Rückkopplungen und Szenarien verirren, weswegen sich viele Menschen abwenden und nichts mehr über das Thema Klimawandel hören möchten. Es stellen sich für Laien so viele Fragen, wenn es um die Ursachen und die Bewältigung der Klimakrise geht. Ich bekomme diese Fragen tagtäglich gestellt und kann gut nachvollziehen, wie verwirrend das Klimaproblem für Personen außerhalb der Klimaforschung sein muss. Unabhängig davon, ob man aus der Politik, aus der Wirtschaft oder aus einem anderen Wissenschaftszweig kommt. Die Komplexität ist einer der Gründe dafür, weswegen die Weltgemeinschaft bei der Begrenzung der Erderwärmung einfach nicht vom Fleck kommt.

Die Unfähigkeit der Menschheit, der Klimakrise wirksam zu begegnen, hat selbstverständlich weitere Ursachen, wie zum Beispiel den dem Menschen innewohnenden Egoismus. So sprechen sich die meisten Menschen in Umfragen einerseits für einen ambitionierten Klimaschutz aus, andererseits darf er aber keinen Einfluss auf die persönliche Lebensführung haben. Warum ist das so, und wie kann man eine Änderung dieses widersprüchlichen Verhaltens herbeiführen? Auch hierbei handelt es sich um eine sehr komplexe Frage an die Wissenschaften. Geht es nur über gesetzliche Regelungen, wovon ich zutiefst überzeugt bin? Oder gibt es noch weitere Hebel, die womöglich sogar zielführender sind? Vielleicht ist es auch der menschliche Geist, der schlicht hinter der einmalig schnellen technologischen Entwicklung zurückgeblieben ist, die es ermöglicht hat, die Welt innerhalb weniger Jahrzehnte von Grund auf zu verändern und zu globalisieren. Die Abläufe in der globalisierten Welt und die Auswirkungen der Globalisierung auf die Gesellschaften sind kaum noch zu verstehen, viel zu kompliziert sind die Zusammenhänge in der heute komplett vernetzten Welt geworden. Die Digitalisierung wie auch die künstliche Intelligenz werden die Vernetzung in der Zukunft noch enger machen und Prozesse der unterschiedlichsten Art beschleunigen. Die Menschheit steuert in eine völlig neue Welt, in der auch neue Probleme entstehen werden. Diese können politischer, ökonomischer, ökologischer, gesundheitlicher oder sozialer Art sein. Für deren Lösung hat die Menschheit so gut wie keine Rezepte.

Anhand der letzten großen Finanzkrise lässt sich die Komplexität der Prozesse in der vernetzten Welt veranschaulichen. Die Krise begann 2007 in den USA mit dem Platzen einer vom Staat mitverursachten Immobilienblase und dem Zusammenbruch der amerikanischen Großbank Lehman Brothers.[103] Aus der Finanzkrise entwickelte sich eine formidable Bankenkrise, die sich in den Folgejahren zu einer Weltwirtschaftskrise ausweitete. Die allermeisten Wirtschaftsexperten hatten eine so dramatische Entwicklung in Form einer Kettenreaktion nicht vorhergesehen. Unsere Welt ist offenbar so kompliziert geworden, dass kaum noch jemand durchblickt. Scheinbar unbedeutende lokale Ereignisse können zu globalen Krisen führen. In diesem Zusammenhang hat man in den Sozialwissenschaften den Begriff der systemischen Risiken eingeführt, der auch auf die Klimakrise Anwendung finden kann. Der Soziologe Ortwin Renn beschreibt systemische Risiken wie folgt: „Systemische Risiken wie der Klimawandel … sind hochkomplex, eng vernetzt mit anderen Risiken, strahlen auf unterschiedliche Wirtschafts- und Lebensbereiche aus, werden wegen ihrer Nicht-Linearität unterschätzt und sind schwer zu begrenzen. Zudem überschreiten sie nicht nur nationale Grenzen, sondern auch solche zwischen wissenschaftlichen, technischen, wirtschaftlichen, politischen und gesellschaftlichen Systemen."[104]

Gerade bei der Klimakrise werden die weltweite Vernetzung und die Verflechtung der verschiedenen gesellschaftlichen Bereiche ganz besonders deutlich. Lieferketten zum Beispiel sind heutzutage weitgehend globalisiert. So wird Produktion aus den Industrieländern in die Schwellen- und Entwicklungsländer ausgelagert, in Länder, in denen im Allgemeinen geringere Umweltstandards gelten. Durch die globalen Lieferketten mögen Gewinne und Wohlstand steigen, die Welt ist aber auch verletzlicher geworden, wie jüngst die Coronaviruskrise in aller Deutlichkeit gezeigt hat. Spätestens seit der isländische Vulkan Eyjafjallajökull 2010 den Flugverkehr über Europa lahmgelegt hatte, hätte die besondere Verletzlichkeit überregionaler Lieferketten bekannt gewesen sein müssen. Konsequenzen aus dem Ereignis wurden keine gezogen. Und auch extreme Klimaveränderungen werden die Lieferketten negativ beeinflussen und damit die Weltwirtschaft. Mit dem Outsourcing verlagert sich zudem der Ausstoß von Treibhausgasen: In den Industrieländern sinkt er, in den Schwellen- und Entwicklungsländern steigt er. Dies ist jedoch alles andere als ein Nullsummenspiel. So entsteht bei der Produktion in Ländern mit geringen Umweltstandards, zu denen die allermeisten Schwellen- und Entwicklungsländer zählen, typischerweise mehr Treibhausgase, als wenn die Produktion in den Industrieländern selbst erfolgen würde. In China zum Beispiel ist der Anteil der Kohle am Energiemix mit um die 60 Prozent deutlich höher als in Deutschland, wo 2019 der Anteil bei etwa 20 Prozent[105] gelegen hat. Kohle ist aber der fossile Energieträger, bei dem pro Energieeinheit am meisten Kohlendioxid entsteht. Die Verlagerung von Produktion aus Deutschland nach China lässt somit in der Summe den $CO_2$-Ausstoß steigen. Außerdem führen die globalen Lieferketten zu zusätzlichem Transport, oftmals über große Entfernungen hinweg, der den $CO_2$-Ausstoß nochmals erhöht.

Ein Gas wie $CO_2$ kennt keine Grenzen und ändert das Klima überall auf der Erde, unabhängig vom Ort seines Ausstoßes. Daraus ergeben sich Fragen an die Rechtswissenschaften. Welches Land zahlt eigentlich für Klimaschäden? Kommt ein Land selbst für die Schäden im eigenen Territorium auf, oder gibt es so etwas wie einen Lastenausgleich? Und wenn ja, wie könnte so ein Ausgleich zwischen den Ländern gestaltet und umgesetzt werden? Wie wird sich die globale Erwärmung auf die gesellschaftlichen Verhältnisse auswirken? Wie auf die Nahrungsmittelsicherheit? Wie wird sich das Konsumentenverhalten ändern? Wie wird sich all dies wieder auf den $CO_2$-Ausstoß auswirken? Und schließlich: Welche Rolle wird der technologische Fortschritt in der Zukunft spielen? Wird er insgesamt zu mehr oder weniger Ausstoß von Treibhausgasen führen? Auf diese Fragen gibt es kaum belastbare Antworten. Sie sind aber von fundamentaler Wichtigkeit für die zukünftige Klimaentwicklung und damit das Wohlergehen der Menschheit, weil sie den Ausstoß von Treibhausgasen beeinflussen. Hinzu kommen die Unsicherheiten in der klassischen Klimaforschung, die ich nicht kleinreden möchte, gerade was die regionalen Auswirkungen einer voranschreitenden Erderwärmung betrifft. Und weil wir die Antworten auf die vielen offenen Fragen nicht kennen, ist die Leichtfertigkeit, mit der die Menschheit der Klimakrise begegnet, nicht nur aus naturwissenschaftlicher, sondern auch aus sozial- und wirtschaftswissenschaftlicher Sicht als völlig verantwortungslos zu bezeichnen. Gerade bei komplexen Systemen ist höchste Vorsicht geboten. Das Vorhandensein von Unsicherheiten bedeutet doch nicht, dass man einfach so weitermachen kann wie bisher. Die Menschheit handelt im Umgang mit der Klimakrise so ähnlich wie ein Autofahrer, der im dichten Nebel mit Höchstgeschwindigkeit auf der Autobahn fährt und nicht weiß, ob im nächsten Moment vor ihm ein Stauende auftauchen wird. Bei Nebel gilt die Devise: „Runter vom Gas!" Im Zusammenhang mit der Klimakrise muss gelten: „Runter mit dem $CO_2$ und den anderen Treibhausgasen!"

Die Menschheit scheint einfach nichts aus den Ergebnissen der Wissenschaft lernen zu wollen, obwohl die Beobachtungen die frühen Berechnungen der Klimamodelle im Großen und Ganzen bestätigen. Die Erderwärmung wird nicht so ernst genommen, wie es ihrem Bedrohungspotenzial entspricht. Sollte der Gehalt der Treibhausgase in der Atmosphäre weiterhin in dem Tempo wachsen, wie es in den letzten Jahren der Fall gewesen ist, steht sehr viel auf dem Spiel. Und dies eben nicht „nur" bezogen auf das Klima. Denn die Klimakrise wird zu weiteren Krisen führen, zu denen zum Beispiel auch massenhafte Migration gehört. Dieser Schneeballeffekt vergrößert noch die Komplexität des Problems, wenn es um die Entwicklung von Zukunftsszenarien geht. Vielen Menschen, dazu zählen auch zahlreiche Entscheidungsträger in den Chefetagen der Wirtschaft oder in der Politik, sind die komplexen Zusammenhänge zwischen Klima, Umwelt, Wirtschaft, Gesundheit, Sicherheit und Gesellschaft entweder nicht bewusst, oder sie verdrängen sie einfach, weil sie im kurzfristigen Denken verharren wollen.

Die Weltwirtschaft, und dies ist schon lange bekannt, könnte infolge eines ungebremsten Klimawandels einen deutlichen Abschwung nehmen,[106] weil durch mehr Unwetterkatastrophen wichtige Infrastruktur häufiger zerstört und Lieferketten unterbrochen würden. Einen Vorgeschmack darauf hat Deutschland im Sommer 2018 bekommen, wie oben beschrieben. Laut einer Umfrage der Londoner Non-Profit-Organisation „Carbon Disclosure Project"[107] (CDP) unter 215 Großkonzernen, darunter 19 deutschen Unternehmen, sehen die meisten Konzerne wegen des Klimawandels in den kommenden fünf Jahren erhebliche Geschäftsrisiken in Höhe von rund einer Billion (1000 Milliarden) US-Dollar; auf der anderen Seite aber auch sehr große Chancen durch den Übergang zu einer klimafreundlicheren Wirtschaft in der Größenordnung von ungefähr zwei Billionen US-Dollar. Aus Sicht der befragten Unternehmen übertreffen also die Chancen von Klimaschutzmaßnahmen die Risiken des Nichtstuns bei Weitem Klimaschutz, der so oft als wirtschaftsfeindlich dargestellt wird, bietet enorme Zukunftsperspektiven, gerade für die Wirtschaft. Leider agiert die Politik in vielen Ländern immer noch viel zu ängstlich und zögert, die entsprechenden Rahmenbedingungen zu schaffen, damit der Umbau der Wirtschaft in Richtung einer fossilfreien Ökonomie mit der gebotenen Eile erfolgen kann.

Die Sicherheitslage auf der Welt würde sich ebenfalls verschlechtern, wenn die Erderwärmung ungebremst voranschreitet, zum Beispiel, weil viele Menschen ihre Heimat wegen der extremen Wetterverhältnisse verlassen müssen. Auch wenn es aus heutiger Sicht vielleicht noch schwer vorstellbar sein mag: Einige Weltregionen drohen tatsächlich innerhalb der nächsten Jahrzehnte unbewohnbar zu werden, zum Beispiel Teile der inneren Tropen wegen der dann herrschenden unerträglichen Hitze gepaart mit unmenschlicher Luftfeuchtigkeit oder Teile der Subtropen wegen extremer Hitze und Trockenheit. Hinzu kommen die steigenden Meeresspiegel, die viele Küstengebiete überfluten werden. Diejenigen Länder, die den in großer Zahl aus ihrer Heimat fliehenden Menschen Zuflucht bieten könnten, würden die Flüchtlinge aber nicht willkommen heißen. Gewaltsame Konflikte wären wegen der massenhaften klimabedingten Migration programmiert. Die Menschlichkeit würde höchstwahrscheinlich auf der Strecke bleiben. Das lehrt uns schon die gegenwärtige Flüchtlingskrise rund um das Mittelmeer. Europa ist dabei, sich abzuschotten, egal ob die Menschen auf der Überfahrt in ihren Nussschalen in Seenot geraten und ertrinken oder in als Auffanglagern bezeichneten libyschen Foltergefängnissen gequält werden. Die USA haben ohnehin schon das Asylrecht an der mexikanischen Grenze de facto abgeschafft.

Wenn wir immer länger warten und das Prinzip der Nachhaltigkeit nur predigen, aber nicht praktizieren, stehen der Menschheit wahrlich turbulente Zeiten bevor. Allein die Erderwärmung würde im Falle eines weiteren Temperaturanstiegs um mehrere Grad die Welt ins Chaos stürzen können, und dies nicht nur wegen der klimatischen Auswirkungen, sondern auch wegen der weltwirtschaftlichen und sicherheitspolitischen Konsequenzen wie auch wegen der negativen Einflüsse auf Gesundheit und Welternährung. Der Mangel an Nachhaltigkeit ist aber die Ursache weiterer Probleme wie beispielsweise die Überfischung der Weltmeere oder der Eintrag gigantischer Mengen von Plastikmüll in sie, die Abholzung der Wälder, insbesondere der tropischen Regenwälder, oder die Degradation der Böden. Jedes dieser Probleme gefährdet schon für sich allein genommen die günstigen Lebensbedingungen auf der Erde, sollten sich die gegenwärtigen Trends in den kommenden Jahrzehnten fortsetzen. Die summarischen Auswirkungen aller Probleme, die aus dem Mangel an Nachhaltigkeit entstehen, zu denen auch der Rückgang der Artenvielfalt zählt, könnten verheerend sein. Man mag sich gar nicht vorstellen, was da auf die Menschheit zukommen könnte. Sind Ökosysteme weiteren Stressfaktoren ausgesetzt, können sie sehr viel schneller kippen, als es „nur" durch die Erderwärmung der Fall wäre.

Die Komplexität des Klimaproblems wie auch die daraus resultierende Unkenntnis über die wesentlichen Rückkopplungen im Erdsystem und über die Methoden in der Klimaforschung fördern ein gesellschaftliches Klima, in dem sich konkurrierende Ansichten über die Dringlichkeit von Klimaschutzmaßnahmen fast unversöhnlich gegenüberstehen, obwohl in der Wissenschaft Einigkeit herrscht. Es droht eine Spaltung der Gesellschaft, was man gerade bei der Diskussion über die Rolle der Klimaaktivistin Greta Thunberg und der „Fridays for Future"-Bewegung beobachten kann. Eine polarisierte Gesellschaft aber lähmt sich selbst und verhindert ein in die Zukunft gerichtetes und damit nachhaltiges Handeln. In Deutschland sprechen sich immer noch die meisten Menschen für strengere Klimaschutzmaßnahmen aus. Doch auch nicht geringe Teile der Bevölkerung sehen das Klimaproblem als nicht besonders relevant an und reden es klein oder geben sich der Illusion hin, noch lange Zeit abwarten zu können, bis man mit Klimaschutzmaßnahmen beginnen muss. Ich persönlich bin der festen Überzeugung, dass es deutlich mehr Menschen sind, die diese Ansicht teilen, als es in den Umfragen zum Ausdruck kommt. Ein Beleg dafür ist meiner Meinung nach, dass nur die wenigsten bereit sind, selbst etwas für den Klimaschutz zu tun.

Unterschwellig scheint man den Ergebnissen der Klimaforschung nicht Glauben schenken zu wollen. Die überaus komplexen Zusammenhänge rund um die menschliche

Klimabeeinflussung sind vielen Menschen nicht klar. „Klimaforschung kann doch jeder." Deswegen fallen sie auf die „Argumente" der Klimaskeptiker herein oder glauben, befähigt zu sein, sich selbst ein Bild von der Situation machen und sich eine Meinung über die Notwendigkeit der Begrenzung der globalen Erwärmung bilden zu können. „Ein paar Grad mehr oder weniger, das kann doch nicht so schlimm sein. Dies hat es doch schon immer gegeben." Ich fürchte, so denken sehr viele Bürgerinnen und Bürger, sie geben es nur nicht zu. Und schließlich haftet der Klimaforschung der „Makel" der Wettervorhersage an, die in der Öffentlichkeit völlig ungerechtfertigterweise einen ziemlich schlechten Ruf genießt. Obwohl die Vorhersagen für ein bis zwei Tage im Voraus erwiesenermaßen extrem treffsicher sind und bis zu einer Woche im Voraus alles andere als Kaffeesatzleserei, bekomme ich des Öfteren zu hören, dass die Prognosen fast immer danebenliegen. Die völlig verquaste Wahrnehmung ist rational überhaupt nicht zu verstehen. Die computerbasierte Wettervorhersage ist eine unglaubliche Erfolgsgeschichte und ein guter Grund dafür, dass man Vertrauen in Computermodelle haben kann. Die Wettervorhersagemodelle dienen in etwas modifizierter Form als die atmosphärischen Komponenten der Klimamodelle. Sie werden Tag für Tag überprüft und bestehen den täglichen Praxistest mit Bravour, und dies seit vielen Jahren.

Wiederum andere Teile der Bevölkerung glauben, dass man die Treibhausgasemissionen gar nicht senken muss, weil die Menschheit eine übermäßige Erwärmung der Erde mit technischen Lösungen wird vermeiden können. „Uns Menschen wird schon etwas einfallen." Genau so dachte man auch bei der Einführung der Kernenergie. Der Menschheit ist bis heute nicht eingefallen, was man mit dem strahlenden Atommüll anfangen kann. Im Zusammenhang mit den technischen Lösungen fällt oft der Begriff „Geo-" oder „Climate Engineering". Die Komplexität des Erdsystems wird bei der Diskussion über diese Art von Lösungsansätzen oft unterschätzt. Wegen der komplizierten Rückkopplungen sind deren Auswirkungen praktisch nicht kalkulierbar. Die vorgeschlagenen Maßnahmen könnten vielleicht sogar einen noch größeren Schaden im Erdsystem anrichten, als wenn man die globale Erwärmung einfach weiterlaufen ließe. Es wurde beispielsweise vorgeschlagen, die Erderwärmung durch das Einbringen von Schwefeldioxid in die Stratosphäre abzumildern. In der Folge würden sich Schwefelsäuretröpfchen bilden, die einen Teil der Sonnenstrahlen zurück in den Weltraum reflektieren. Man würde auf diese Weise die Wirkung von explosiven Vulkanausbrüchen nachahmen. Die Idee dahinter: Die Menschheit könnte auch weiterhin große Mengen fossile Brennstoffe verfeuern. Dies klingt erst mal gut.

Allerdings könnte durch das Einbringen von Schwefeldioxid die für das Leben so wichtige Ozonschicht in der Stratosphäre erheblichen Schaden nehmen, weil sich dort immer noch große Chlormengen befinden, die vor Jahren in Form von FCKW von der Menschheit emittiert worden sind. Als Folge der Schädigung der Ozonschicht würde die gefährliche ultraviolette Strahlung vermehrt auf die Erdoberfläche treffen können, was einem Super-GAU gleichkäme. Außerdem würde das Einbringen von Schwefeldioxid in die Atmosphäre der Versauerung der Ozeane nicht entgegenwirken können. Die Ozeane nehmen derzeit etwa ein knappes Viertel des von der Menschheit in die Luft emittierten $CO_2$ auf. Im Meerwasser reagiert das $CO_2$ zu Kohlensäure. Und die Ozeanversauerung hat es in sich. Sie gefährdet langfristig das Leben im Meer und damit auch das Wohlergehen der Menschheit. Außerdem müsste man die Einbringung von Schwefeldioxid viele Jahrtausende lang fortsetzen, um eine spontane Wiedererwärmung der Erde zu vermeiden, die das in der Atmosphäre angehäufte $CO_2$ nach dem Stopp der Maßnahme verursachen würde. Will die jetzt lebende Generation allen Ernstes den nachfolgenden Generationen solche „Geschenke" machen, bloß damit sie so weitermachen wie bisher?

## Entkopplung von Ursache und Wirkung

Ein anderer Grund für die Gelassenheit der Menschheit im Umgang mit der Klimakrise ist die zeitliche Entkopplung von Ursache und Wirkung. Außerdem sind Gase wie $CO_2$ unsichtbar. Dadurch gewinnt das Klimaproblem eine gewisse Abstraktheit. Wissenschaftliche Fakten allein scheinen Menschen nicht zum Handeln bewegen zu können. Die klimatischen Veränderungen müssen einen unmittelbaren Einfluss auf das Leben der Menschen haben, sonst neigen sie dazu, das Problem zu verdrängen. Dieses Verhalten kennen wir von Rauchern, die sich einreden, dass der Tabakgenuss die Gesundheit nicht oder nur in geringem Maße gefährdet. Natürlich stirbt nicht jeder Raucher frühzeitig. Das Risiko, früher zu sterben, ist aber um ein Vielfaches höher als bei einem Nichtraucher. Und hier erschließen sich noch weitere erstaunliche Parallelen zum Klimaproblem. Wenn man einige Jahre geraucht hat, wird man nicht notwendigerweise krank. Meistens treten die gesundheitlichen Probleme erst nach Jahrzehnten auf. Dann jedoch ist es oftmals für eine Heilung zu spät. Und selbst wenn Raucher schon erkrankt sind, rauchen viele von ihnen weiter. So ähnlich verhält es sich mit dem Umgang der Menschheit mit der Klimakrise.

Die Tatsache, dass sich die Auswirkungen des Treibhausgasausstoßes durch die Menschheit nicht unmittelbar einstellen, sondern mit voller Wucht erst mit einer Zeitverzögerung eintreten, lässt die Notwendigkeit eines schnellen Handelns gerade in den Industrieländern als nicht zwingend erforderlich erscheinen. Warum sollten die Menschen jetzt handeln, wenn die Folgen ihres Handelns für sie jedenfalls bisher kaum eine Relevanz haben und erst in einigen Jahrzehnten oder Jahrhunderten so richtig spürbar sein werden? Höhere $CO_2$-Werte in der Luft tun erst einmal nicht weh, so wie ein zu hoher Blutdruck oder erhöhte Blutfettwerte auch nicht sofort zu einem Herzinfarkt oder Schlaganfall führen müssen. Die Menschen verdrängen gerne Probleme, die in der Zukunft liegen, selbst wenn sie gut über sie Bescheid wissen. Vorausschauendes Handeln liegt uns nicht. Beim Umgang der Menschheit mit der Klimakrise scheint das Sprichwort zutreffen zu wollen: „Aus Schaden wird man klug." Offenbar ist der Schaden für die meisten Menschen noch nicht eingetreten. Der Leidensdruck scheint nicht groß genug zu sein. Wenn der Schaden aber erst einmal spürbar ist, wird es schwierig sein, vielleicht sogar unmöglich, ihn zu beheben. Auf jeden Fall würde die „Reparatur" des Klimas viele Jahrhunderte dauern. Die Menschheit hat über Jahrzehnte buchstäblich Vollgas gegeben. Das gegenwärtige Tempo der Klimaänderung ist entsprechend hoch und der Bremsweg schon sehr lang, insbesondere was den Anstieg der Meeresspiegel betrifft, sodass noch viele der nachfolgenden Generationen die Folgen der hauptsächlich von der heutigen Generation verursachten Erderwärmung zu spüren bekommen werden.

Die Vorstellung eines *unvermeidbaren* weiteren deutlichen Temperaturanstiegs in der Zukunft aufgrund der Trägheit des Klimasystems beruht allerdings auf einer nicht korrekten Interpretation der Ergebnisse aus den Klimawissenschaften. Angenommen, der $CO_2$-Ausstoß würde sofort vollständig und dauerhaft eingestellt werden, dann würden sich die Temperaturen an der Erdoberfläche schnell stabilisieren oder sie würden sogar leicht zu sinken beginnen, weil die natürlichen $CO_2$-Senken, insbesondere die Ozeane, Kohlendioxid aus der Atmosphäre entfernen würden. Die marine $CO_2$-Aufnahme ist allerdings ein sehr langsamer Prozess, weswegen die atmosphärischen $CO_2$-Konzentrationen und dementsprechend die Oberflächentemperaturen für lange Zeit erhöht blieben. Die zukünftige Erwärmung an der Erdoberfläche wird vor allem durch die sozioökonomische Trägheit bestimmt. Ein weiterer Temperaturanstieg ist nur so unvermeidlich, wie es die zukünftigen Emissionen sind. Der Anstieg der Temperaturen wird also vor allem durch das Ausmaß der zukünftigen Emissionen definiert und nicht durch die Emissionen der Vergangenheit. Dieser Sachverhalt ist im Prinzip eine gute Nachricht, weil man durch die Minimierung des künftigen $CO_2$-Ausstoßes die globale Erwärmung immer noch auf einem Niveau begrenzen könnte, das kompatibel mit dem Pariser Klimaabkommen ist. Selbst die Einhaltung der 1,5-Grad-Grenze ist noch möglich, wäre aber ein Szenario, das fast einer Utopie gleichkäme, denn die weltweiten Emissionen müssten innerhalb weniger Jahrzehnte auf null sinken.

Kommen wir zum Meeresspiegel. Wärmere Lufttemperaturen an der Erdoberfläche brauchen Zeit, um sich in der immensen Masse der Ozeane bemerkbar zu machen. Damit ist auch die Wärmeausdehnung des Meerwassers ein sehr langsamer Prozess, einer der beiden Faktoren, der global für die steigenden Pegel verantwortlich ist. Die kontinentalen Eisschilde auf Grönland und in der Antarktis reagieren noch langsamer auf die Erwärmung als die Ozeane. Deswegen würden sich die Pegel im Gegensatz zu den Oberflächentemperaturen noch für viele Jahrhunderte weiter erhöhen, selbst wenn sich die Treibhausgasemissionen bis 2030 gemäß des Pariser Klimaabkommens entwickeln und danach sofort auf null sinken würden.[108] In diesem Szenario, das aus heutiger Sicht völlig unwahrscheinlich ist, würden die Meeresspiegel für lange Zeit weiter ansteigen: Im weltweiten Durchschnitt bis 2100 um etwa einen halben und bis 2300 um etwa einen Meter. Wenn die Menschheit schon 2016 aufgehört hätte, Treibhausgase in die Atmosphäre zu emittieren, wären es bis 2300 immer noch um die 80 Zentimeter gewesen. Hätte sie dies schon zu Beginn der 1990er Jahre getan, hätte sich der Anstieg bis 2300 immer noch auf etwa 60 Zentimeter belaufen. Die Meeresspiegel werden auf jeden Fall erst nach Jahrtausenden ein neues Gleichgewicht erreichen.

Mit der sofortigen Umsetzung ambitionierter Klimaschutzmaßnahmen wären die langfristigen Klimafolgen vielleicht noch beherrschbar. Sicher ist dies aber keineswegs. Man vermutet kritische Werte der globalen Erwärmung, bei deren Überschreitung Prozesse einsetzten, die unumkehrbar sind.[109] Einige der dann ablaufenden Prozesse könnten zudem zu Kaskadeneffekten führen mit der Folge einer extremen Beschleunigung der globalen Erwärmung. Die Existenz von Kipppunkten kann zu überraschenden Ereignissen führen, die anhand einer einfachen linearen zeitlichen Extrapolation der zurückliegenden Treibhausgasemissionen und Klimaentwicklung nicht zu erwarten wären. Stellen Sie sich einen Tischtennisball vor, der allmählich infolge eines schwachen Luftzugs in die Richtung einer Tischkante rollt. Hält der Luftzug an, fällt der Ball auf den Boden, von wo er nicht wieder auf den Tisch kommen könnte.

Es lauert eine Reihe von sogenannten Kippelementen im Klimasystem, auf die ich in ihrer Gesamtheit nicht eingehen werde. Vielleicht hat die globale Erwärmung auch schon ein Ausmaß erreicht, dass einige der kritischen Marken bereits überschritten sind oder bei einem weiteren Temperaturanstieg von nur einigen wenigen Zehntel Grad erreicht werden. Besorgniserregend ist die Lage in den Polargebieten. Einige Studien sehen erste Anzeichen dafür, dass dort schon kritische Werte erreicht sind oder in den kommenden Jahren überschritten werden könnten. So stehen die Festlandeismassen auf Grönland und in der Westantarktis vielleicht schon kurz vor dem Kollaps,[110] möglicherweise sind dort Kipppunkte bereits überschritten. Sollte der grönländische Eispanzer komplett im Meer versinken, würden die Pegel langfristig um etwa sieben Meter im weltweiten Durchschnitt steigen. Das unwiderrufliche Verschwinden der Festlandeismasse der Westantarktis im Südpolarmeer hätte einen Anstieg der Meeresspiegel um etwa sechs Meter zur Folge. Beide Eisschilde zeigen in den letzten Jahren ungeahnte Massenverluste. Neueste Daten zeigen außerdem, dass ein Teil der Eismasse im Wilkes Becken der Ostantarktis ähnlich instabil sein könnte, wodurch die Meeresspiegel um weitere drei bis vier Meter angehoben werden könnten.[111]

Das komplette Verschwinden der Festlandeismassen Grönlands, der Westantarktis und von Teilen der Ostantarktis entspräche einem Meeresspiegelanstieg von weit über zehn Metern. Die Erhöhung der Pegel um den vollen Betrag würde sich allerdings über einen sehr langen Zeitraum erstrecken. Das Tempo des Anstiegs wird davon abhängen, um wie viel die Kipppunkte überschritten werden. Je höher die globale Erwärmung sein wird, umso schneller werden die Eismassen im Meer versinken. Ohne tiefgreifende Klimaschutzmaßnahmen drohen ganze Küstenabschnitte im Meer zu versinken. Die Begrenzung der Erderwärmung ist somit vor allem auch eine Frage der Generationengerechtigkeit. Entscheidungen, die heute getroffen werden, stellen die Weichen für die zukünftige Entwicklung der Welt über Jahrzehnte und weit darüber hinaus. Insofern tragen die heute lebenden Menschen eine ganz besondere Verantwortung für das Schicksal der Erde. Nach uns die Sintflut? Es wäre im höchsten Maße verantwortungslos, würde die Menschheit nach diesem Motto handeln.

Es gibt neben der zeitlichen auch die räumliche Entkopplung von Ursache und Wirkung: Die Auswirkungen des Klimawandels sind nicht dort am größten, wo die meisten Treibhausgase ausgestoßen wurden. Dies zeigt sich am Beispiel der Polargebiete nur zu deutlich. Obwohl die Industrieländer den überwiegenden Teil der Treibhausgase zu verantworten haben, die sich seit Beginn der Industrialisierung in der Atmosphäre angesammelt haben, und damit die Hauptverantwortung für die bisherige globale Erwärmung tragen, sind die gravierendsten Auswirkungen nicht in diesen Ländern zu beobachten. Es gibt große regionale Unterschiede im Hinblick auf die Ausprägung des Klimawandels. So ist die Arktis die Region, die sich von allen Weltregionen am stärksten erwärmt hat, ungefähr doppelt so stark wie die Erde im globalen Durchschnitt. Eine der zahlreichen Folgen des Temperaturanstiegs ist die Erosion der Küsten. In einigen Regionen der Arktis verlieren sie jedes Jahr mehr als 20 Meter Festland an das Meer.[112] Durch die Erosion laufen immer mehr arktische Küstensiedlungen Gefahr, aufgegeben werden zu müssen.

Ein weiteres Beispiel für die räumliche Entkopplung von Ursache und Wirkung hat mit den recht großen regionalen Unterschieden im Anstieg der Meeresspiegel zu tun. So haben sich die Pegel im tropischen Westpazifik und östlichen Indischen Ozean besonders schnell erhöht. Dort steigen die Wasserstände seit Beginn der Satellitenmessungen 1993 ungefähr doppelt so schnell wie im weltweiten Durchschnitt – ausgerechnet in einem Meeresgebiet, in dem es viele Atolle und tiefliegende Inseln gibt. Schon heute sind viele Menschen in der Region durch die steigenden Fluten in ihrer Existenz bedroht, obwohl sie für die Erderwärmung so gut wie nicht verantwortlich sind, denn auch dort werden, so wie in der Arktis, kaum Treibhausgase ausgestoßen. Ob der schnellere Anstieg der Meeresspiegel in der Region im Vergleich zum globalen Mittelwert Bestandteil der Reaktion auf den Anstieg der Treibhausgase in der Atmosphäre ist, wissen wir nicht. Klar ist, dass sich die Passatwinde über dem tropischen Pazifik verstärkt haben, was die Unterschiede in den Veränderungen der Meeresspiegel erklärt. Es könnte sich dabei um eine natürliche dekadische Schwankung handeln oder um eine Folge der Erderwärmung. Für die dort lebenden Menschen ist es egal. Mit den natürlichen Schwankungen ist die Bevölkerung in der Vergangenheit gut zurechtgekommen. Zum Problem werden sie erst, weil die Meereshöhen wegen der Erderwärmung kontinuierlich steigen, sodass die natürlichen Schwankungen auf einem höheren Hintergrundniveau verlaufen und schwerwiegendere Folgen haben.

Sollte sich die Erderwärmung ungebremst fortsetzen, würde außerdem ein fataler Mechanismus zwischen den Polargebieten und den Tropen in Gang kommen. Versinken nämlich große Teile des grönländischen und antarktischen Inlandeises im Meer, stiegen die Meeresspiegel im Mittel nicht nur um viele Meter an. Es käme ein weiterer Effekt hinzu. Gegenwärtig wird das Meerwasser durch das Schwerefeld der großen Eismassen auf Grönland und in der Antarktis ähnlich wie bei den Mondgezeiten angezogen. Die Eismassenverluste verringern die Anziehungskraft,[113] das Wasser würde aus den polaren Ozeanen zurückweichen und sich in den mittleren Breiten und in den Tropen sammeln. Die Folge wäre, dass sich in den niedrigeren Breiten die Meeresspiegel stärker erhöhen würden, als wenn sich das Schmelzwasser gleichmäßig in den Ozeanen verteilen würde. In den polaren Meeresgebieten stiegen die Pegel dann entsprechend weniger als im globalen Durchschnitt, in den Tropen mehr. Dieses Beispiel verdeutlicht, wie sich die Folgen der Erderwärmung in einer Region mit Vehemenz in weit entlegenen Regionen auswirken können, wobei die Ursache wiederum, der Ausstoß von Treibhausgasen, zum überwiegenden Teil in noch anderen Weltregionen stattgefunden hat.

Die Entkopplung von Ursache und Wirkung, in zeitlicher wie auch räumlicher Hinsicht, ist neben der Komplexität des Problems ein weiterer Grund dafür, dass die Welt bei der Bewältigung der Klimakrise nicht vorankommt. Dass der Klimawandel ein existenzielles Problem für die Menschen darstellt, ist in den meisten entwickelten Ländern, insbesondere in den USA, dem hinter China zweitgrößten Verursacher von Treibhausgasen, in Politik, Wirtschaft und breiten Schichten der Bevölkerung noch nicht richtig angekommen. In den USA ist das Klimaproblem nach wie vor ein Nischenthema, weswegen ambitionierte Klimaschutzmaßnahmen in dem Land praktisch nicht durchsetzbar sind. Dies musste auch der frühere US-Präsident Barack Obama erkennen, der Klimaschutzmaßnahmen sehr offen gegenüberstand. Die Strafe folgt eben nicht auf dem Fuße, wie man in Abwandlung eines bekannten Sprichworts sagen könnte. Und deswegen ist der Leidensdruck in den USA aber auch in vielen anderen Ländern offenbar noch nicht groß genug.

## Die Methoden der Klimaskeptiker

Ein weiterer Grund für den Mangel an Klimaschutz sind die Klimaskeptiker. Wissenschaftler sind von Haus aus skeptisch. Denn wären sie es nicht, gäbe es keinen Fortschritt in der Forschung. Es hat sich jedoch der Begriff Klimaskeptiker oder Klimaleugner in der öffentlichen Diskussion etabliert, um Personen zu bezeichnen, die den anthropogenen Klimawandel in Abrede stellen oder als nicht relevant etikettieren. Obwohl die Skeptiker überhaupt keine stichhaltigen Argumente haben und sich gegen die fundamentalen Ergebnisse aus den Naturwissenschaften stellen, ist es ihnen gelungen, in vielen Ländern Klimaschutz weitgehend zu verhindern. Das prominenteste Beispiel sind die USA. Aber wie kann es angehen, dass die Klimaskeptiker so erfolgreich sind? Viele ihrer Aussagen erscheinen auf den ersten Blick plausibel, können aber leicht entkräftet werden. Bei der Erklärung des Treibhauseffekts habe ich bereits einige der „Argumente" der Klimaskeptiker aufgegriffen und sie entkräftet sowie falsche Behauptungen als solche entlarvt. Der Erfolg der Skeptiker hat auch mit den sich ändernden gesellschaftlichen Verhältnissen zu tun. Hier spielen aus meiner Sicht zwei Punkte eine entscheidende Rolle. Erstens: Mehr und mehr Menschen haben verständlicherweise in der sich momentan schnell verändernden Welt Zukunftsängste. Und zweitens: Die Medienlandschaft wandelt sich gerade grundlegend als Folge der Digitalisierung, wobei das Internet und die sozialen Netzwerke eine immer größere Rolle einnehmen und zum Mekka von Interessengruppen und Verschwörungstheoretikern werden. Auf die beiden Punkte werde ich weiter unten noch detaillierter eingehen.

Es existiert eine sehr lautstarke Gemeinde von Klimaskeptikern, die es schafft, eine ganze Reihe von Menschen zu verunsichern oder sogar davon zu überzeugen, dass die Ergebnisse der Klimaforschung nichts wert seien. Dabei wird seitens der Klimaskeptiker wieder und wieder die eine Frage aufgeworfen: Ist die Erderwärmung wirklich durch die Menschen verursacht oder handelt es sich um eine natürliche Klimaschwankung? Und die Antwort liefern sie gleich mit Inbrunst mit. Die Erderwärmung sei natürlichen Ursprungs. Einen Beleg für diese, sich nicht auf wissenschaftliche Studien stützende Behauptung gibt es nicht. Ich selbst habe es satt und weigere mich inzwischen, Skeptikern schriftlich auf Fragen nach der anthropogenen Klimabeeinflussung zu antworten, mit ihnen in Fernseh- oder Hörfunksendungen aufzutreten oder Streitgespräche mit ihnen in Printmedien zu führen. Warum sollte ich Menschen eine Bühne geben, die von der Klimawissenschaft so gut wie nichts verstehen? Diskussionen mit ihnen sind völlig sinnlos, weil sie entweder falsche Behauptungen aufstellen oder Fragen gekonnt ausweichen und anstatt auf sie einzugehen, das Thema wechseln oder irgendwelche Binsenweisheiten von sich geben, die nichts zur Sache beitragen. Die britische Rundfunkanstalt BBC hat inzwischen eingestanden, den Skeptikern in der Vergangenheit zu viel Platz eingeräumt zu haben, und Richtlinien über die Klimaberichterstattung herausgegeben, nach denen es für eine ausgewogene Berichterstattung nicht notwendig ist, einen Klimaleugner zu interviewen.[114] Andererseits gibt es in den USA den Fernsehsender Fox News, den man getrost als Haussender des amerikanischen Präsidenten und Klimaleugners Donald Trump bezeichnen kann, der klimaskeptische Stimmen ungerechtfertigterweise sehr viel häufiger zu Wort kommen lässt als andere Sender.

In den Klimawissenschaften ist die Frage nach der Ursache der Erderwärmung schon längst beantwortet. Der Weltklimarat IPCC[115] formuliert es in seinem letzten, dem fünften Sachstandsbericht sehr klar und schreibt darin, dass der menschliche Einfluss die Hauptursache der beobachteten Erwärmung seit Mitte des 20. Jahrhunderts war.[116] In der öffentlichen Wahrnehmung ist die Botschaft der weltweit führenden Wissenschaftlerinnen und Wissenschaftler in dieser Klarheit nicht angekommen. Viele Menschen glauben immer noch an einen Expertenstreit unter den Klimaforschern, den es in der Wissenschaft gar nicht gibt. Sie unterscheiden nicht zwischen Experten, die sich wissenschaftlich mit dem Thema Klimawandel auseinandersetzen, und denen, die sich nur als solche ausgeben, ohne es wirklich zu sein. Es ist besorgniserregend, dass viele Menschen den Aussagen der Skeptiker den gleichen Stellenwert einräumen wie denen von Fachleuten aus der Klimaforschung.

Kurzfristige natürliche Schwankungen überlagern den langfristigen Erwärmungstrend. Dies überrascht in keiner Weise, denn das Klima schwankt infolge seiner chaotischen Natur und aufgrund externer Einflüsse wie den Änderungen der auf die Erde einfallenden Sonnenstrahlung ohnehin innerhalb bestimmter Grenzen. Die Klimaskeptiker machen sich die Existenz der natürlichen Klimavariabilität zunutze und wischen die Tatsache der menschlichen Klimabeeinflussung einfach vom Tisch nach dem Motto: „Das Klima hat schließlich immer geschwankt. Basta!" Dass sich zum Beispiel Eis- und Warmzeiten über viele Jahrtausende entwickeln, verschweigen sie, wohl wissend, weil dann ihr Lügengebäude zusammenfallen würde. Die Geschwindigkeit des gegenwärtigen Temperaturanstiegs ist mindestens 20-mal höher als während des Übergangs von der letzten Eiszeit in die heutige Warmzeit.

Klimaskeptiker lieben es, weit in die Vergangenheit zu blicken. Es muss doch irgendetwas zu finden sein, womit man die Menschen glauben machen kann, dass die jetzige Klimaentwicklung völlig normal sei. Heute befindet sich schon mehr $CO_2$ in der Atmosphäre als je zuvor in den letzten drei Millionen Jahren.[117] Die Geschwindigkeit, mit der der $CO_2$-Gehalt der Luft gegenwärtig ansteigt, ist für die letzten hundert Millionen Jahre einmalig, obwohl es durchaus Phasen mit höheren atmosphärischen $CO_2$-Konzentrationen gegeben hat. Die hohen $CO_2$-Werte haben sich allerdings über sehr lange Zeiträume entwickelt. Selbst im Paleozän/Eozän-Temperaturmaximum (PETM), einer Periode geologisch betrachtet sehr schneller globaler Erwärmung, die vor ungefähr 56 Millionen Jahren stattfand, vollzogen sich die Änderungen des Klimas sehr viel langsamer als heute. Das PETM fand zu einer Zeit statt, als die atmosphärischen $CO_2$-Konzentrationen deutlich höher als heute waren und die Temperaturen wärmer. Die PETM-Erwärmung war ein etwa 200 000 Jahre dauerndes Ereignis, bei dem die globalen Temperaturen als Folge eines massiven Eintrags von Kohlenstoff in die Atmosphäre um weitere sechs bis acht Grad anstiegen. Die Rate des $CO_2$-Anstiegs im PETM war aber mindestens zehnmal kleiner als heute.[118] Es gibt in der Tat kein Analogon aus der jüngeren Erdgeschichte zu der gegenwärtigen Klimaveränderung, obwohl die Skeptiker dies immer wieder fälschlicherweise behaupten.

Simulationen mit vereinfachten Klimamodellen legen nahe, dass die globalen Erdoberflächentemperaturen in den letzten drei Millionen Jahren das vorindustrielle Niveau nie um mehr als zwei Grad überschritten haben,[119] wohingegen sich die Durchschnittstemperaturen auf der Erde schon in den nächsten 50 Jahren um zwei Grad gegenüber der vorindustriellen Zeit erwärmen könnten, falls die weltweiten Emissionen von Treibhausgasen nicht schnell sinken. Der

Blick auf Abb. 1 lässt schon aus Plausibilitätsüberlegungen vermuten, dass der Anstieg der Erdtemperatur seit Beginn des 20. Jahrhunderts und der Anstieg des atmosphärischen $CO_2$-Gehalts etwas miteinander zu tun haben. In der Tat sind die Belege für die menschliche Klimabeeinflussung erdrückend, wie oben gezeigt. Trotz alledem tobt insbesondere im Internet und in den sozialen Medien ein Kampf ums Klima. Im Netz wird des Öfteren behauptet, dass es ernst zu nehmende Klimaforscher gäbe, die den menschlichen Einfluss auf das Klima nicht bestätigen würden. Wo sind denn diese Leute zu finden? Ich kenne sie nicht. Wenn es sie geben sollte, dann publizieren sie jedenfalls ihre „bahnbrechenden" Ergebnisse nicht in begutachteten wissenschaftlichen Fachzeitschriften. Denn das könnten sie nur, wenn sie sich der Kritik der Kolleginnen und Kollegen stellen würden. So funktioniert seriöse Wissenschaft nun mal. Man muss sich der internationalen Forschergemeinde stellen, sonst zählen die Ergebnisse nicht. Reine Spekulationen haben in den Fachzeitschriften keinen Platz. Und dieses als „Peer-Review" bezeichnete Verfahren hat sich in der Wissenschaft über die Jahrzehnte bestens bewährt. Beliebt ist deswegen die Opferrolle, in die sich die Klimaskeptiker gerne begeben. Der böse Mainstream verhindere, dass die „seriösen" Wissenschaftler ihre Ergebnisse in den Fachzeitschriften veröffentlichen können. Eines kann ich Ihnen nach 40 Jahren im Wissenschaftsbetrieb sagen: Wenn auch nur ein Fünkchen Wahrheit in den Thesen der Skeptiker steckte, würde das von vielen meiner Kolleginnen und Kollegen wohlwollend aufgenommen werden, und die wissenschaftlichen Fachzeitschriften würden ihre Arbeiten selbstverständlich publizieren.

Das in Mode gekommene Leugnen von Fakten, insbesondere auch durch exponierte Personen des öffentlichen

Lebens, was auch immer ihre Motive sein mögen, ruft eine enorme Verunsicherung in der Bevölkerung hervor. Es herrscht gerade beim Thema Klimawandel so etwas wie eine informierte Verwirrtheit: Die Bürgerinnen und Bürger werden mit sich widersprechenden Informationen geradezu überhäuft. Die allermeisten können aber naturgemäß nicht beurteilen, welche der auf sie niederprasselnden Informationen belastbar sind und welche schlicht einem verwirrten Geist entsprungen sind oder gezielt als Falschmeldungen von bestimmten Interessengruppen eingesetzt werden. Bei der Verbreitung von Falschmeldungen spielen das Internet und die sozialen Netzwerke eine inzwischen besorgniserregende Rolle. Die Art der Meinungsbildung über die neuen Medien ist äußerst problematisch. Im Prinzip kann heutzutage jeder zu einem Meinungsmacher in Bezug auf jedes Thema werden, egal ob man Einblicke in die Materie hat oder nicht. Fakten sind dabei, ihre Bedeutung im öffentlichen Diskurs zu verlieren. Es besteht sogar die Gefahr, dass die Menschen ihr Vertrauen in die Wissenschaft insgesamt verlieren, weil sie den selbsternannten Experten aus der neuen Medienwelt Glauben schenken.

Diese Tendenz kann man gerade an der Klimaforschung beobachten, die ungerechtfertigterweise bei nicht wenigen Menschen einen relativ schlechten Ruf genießt. Wenn der Trend zur Vernebelung von Tatsachen und gezielten Desinformation anhält, ist die notwendige breite gesellschaftliche Akzeptanz für die überfälligen tiefgreifenden Klimaschutzmaßnahmen gefährdet. Ich frage mich: Worauf sollen politische Entscheidungen in einer demokratischen Gesellschaft eigentlich fußen, wenn nicht auf den Erkenntnissen der Wissenschaft? Darüber hinaus ist es wichtig, dass die Menschen nicht nur die Ergebnisse kennen, sondern auch Vertrauen in die wissenschaftlichen Aussagen haben.

Und daran hapert es. Die meisten Menschen in Deutschland sind gut über den Klimawandel informiert und kennen die wesentlichen wissenschaftlichen Ergebnisse. Das Vertrauen in die Richtigkeit des Wissens über den Klimawandel ist allerdings im Gegensatz zu dem in anderen Wissenschaften weniger gut ausgeprägt.[120] Dieses Vertrauen ist aber von herausragender Bedeutung, gerade im Bereich der Klimaforschung, wo wissenschaftlich korrekte Informationen neben Fehlinformationen im öffentlichen Diskurs und in den Medien existieren.

Ein anderes Beispiel für den Glaubwürdigkeitsverlust der Wissenschaften kennen wir aus der Medizin. Wir beobachten in der Bevölkerung eine zunehmende Skepsis gegenüber Impfungen von Kindern, um schwerwiegenden Krankheiten wie den Masern vorzubeugen. Inzwischen werden von der Bundesregierung gesetzliche Maßnahmen in Form einer Impfpflicht vorbereitet, um der Impfverweigerungshaltung gegenüber den Masern zu begegnen.[121] Masern gehören zu den ansteckendsten Infektionskrankheiten. Die Krankheit geht häufig mit Komplikationen und Folgeerkrankungen einher. Dazu gehört im schlimmsten Fall eine tödlich verlaufende Entzündung des Gehirns.

Die Tatsache, dass sich die Erde erwärmt, ist selbst unter den Klimaskeptikern größtenteils unumstritten, obwohl einige besonders Eifrige unter ihnen sogar die Temperaturmessungen in Zweifel ziehen und behaupten, dass man gar keine globale Erwärmung nachweisen könne. Die Datenbasis sei schlicht nicht ausreichend, um die Entwicklung der globalen Mitteltemperatur der Erde seit Beginn der Industrialisierung zu berechnen. Natürlich waren vor hundert Jahren und davor die Messungen nicht so zahlreich wie heute im Satellitenzeitalter. Trotzdem kann man die zeitliche Entwicklung der Durchschnittstemperatur anhand der verfügbaren instrumentellen Messungen mit ausreichender Genauigkeit rekonstruieren, indem man sich bestimmte Eigenschaften des Wetters wie auch statistische Verfahren zunutze macht. So treten Temperaturänderungen in recht wenigen großräumigen räumlichen Mustern auf, weswegen schon vereinzelte über den Erdball verteilte Messungen ausreichen, um die Änderungen der globalen Mitteltemperatur abzuschätzen. Starke winterliche Westwinde über dem Nordatlantik beispielsweise führen zu milden Temperaturen nicht nur über Nordeuropa und Teilen Mitteleuropas, sondern auch bis weit nach Osteuropa und Sibirien hinein. Im umgekehrten Fall, wenn großräumig Ostwinde wehen, herrschen außergewöhnlich kalte Bedingungen vor. Deswegen weisen beispielsweise die Schwankungen der Wintertemperaturen in Hamburg und Moskau einen engen Zusammenhang auf. Aufgrund des großräumigen Charakters der Temperaturschwankungen ist es Unsinn zu behaupten, dass man die Veränderung der globalen Mitteltemperatur der Erde wegen der schlechten räumlichen Abdeckung der Messdaten zu Beginn der systematischen instrumentellen Messungen nicht mit einer akzeptablen Genauigkeit berechnen könne.

Allerdings ist die Angabe einer absoluten globalen Durchschnittstemperatur mit recht großen Unsicherheiten behaftet, weswegen man sich in der Wissenschaft im Allgemeinen auf die Abweichungen gegenüber einem Referenzzeitraum bezieht. In der Berechnung der absoluten globalen Temperatur müssten auch kleinräumige Besonderheiten berücksichtigt werden. Die Temperaturunterschiede zwischen einem Berg und einem Tal zum Beispiel können allein wegen des Höhenunterschieds beträchtlich sein und auch nicht überall auf der Welt erfasst werden. Die Abweichungen der Temperaturen von denen eines

Referenzzeitraums sind räumlich einheitlicher und unterscheiden sich nicht allzu sehr zwischen benachbarten Regionen. Daher werden bei den Zeitreihen der globalen Durchschnittstemperatur, so wie es auch in Abb. 1 der Fall ist, meist nur die Abweichungen gegenüber einem Referenzzeitraum und nicht die absoluten Werte angegeben.

Klimaskeptiker scheinen vor nichts zurückzuschrecken. So „deckten" sie 2009 einen angeblichen Skandal auf, den sie als „Climategate"[122] bezeichneten. Der Name „Climategate" sollte Erinnerungen an die Watergate-Affäre[123] um den Machtmissbrauch des amerikanischen Präsidenten Richard Nixon Anfang der 1970er Jahre wecken, der in der Folge einem Amtsenthebungsverfahren zuvorgekommen und von seinem Amt zurückgetreten war. Die Intention der Skeptiker war klar: Auf diese Weise sollte die Klimaforschung skandalisiert werden, um ihre Glaubwürdigkeit zu untergraben. Ziel der Attacke waren britische Wissenschaftler der University of East Anglia um meinen Kollegen Phil Jones,[124] die seit mehreren Jahrzehnten die Temperaturdaten aus aller Welt zusammenführen und globale Temperaturanalysen erstellen. Die Skeptiker behaupteten, sich auf gestohlene E-Mails berufend, dass meine Kollegen die Beobachtungen manipuliert hätten, damit es so aussieht, als würde sich die Erde erwärmen.[125] Die Erderwärmung sei also nichts anderes als eine riesengroße Verschwörung. Die Medien griffen das Thema willfährig auf; bald sollte in Kopenhagen der alljährliche Klimagipfel beginnen. Der Gipfel sollte endlich den Durchbruch in Sachen Klimadiplomatie bringen und ein verbindliches Regelwerk für den Klimaschutz nach Auslaufen des Kyoto-Protokolls[126] 2012 verabschieden. Das Thema Klimawandel stand also zu dem Zeitpunkt ohnehin schon im Fokus der Weltöffentlichkeit.

Die Klimaverhandlungen scheiterten, der Gipfel von Kopenhagen war einer der am wenigsten erfolgreichen. Das Nachrichtenmagazin *Focus* übertitelte einen Artikel über die Konferenz mit „Das Debakel von ‚Floppenhagen'".[127] Das Scheitern der Konferenz ist möglicherweise, zumindest aber teilweise auch auf den erfundenen Skandal um die Temperaturmessungen zurückzuführen, weil die ohnehin klimaskeptischen Delegationen, wie die der USA und Chinas, durch ihn Wasser auf ihre Mühlen bekommen hatten. Alarmiert durch die große Medienresonanz „Climategate" betreffend gab es in der Folge offizielle Untersuchungen von britischer und amerikanischer Regierungsseite. Die Originaldaten wurden außerdem von unabhängigen amerikanischen Wissenschaftlern noch einmal analysiert. Das Ergebnis aller mit der Angelegenheit befassten Gremien, politische wie auch wissenschaftliche, war eindeutig: Die Kollegen der University of East Anglia hatten korrekt gearbeitet, und ihre Temperaturanalysen waren aus wissenschaftlicher Sicht in keiner Weise zu beanstanden.

„Climategate" war nichts als heiße Luft gewesen. Es gibt keinen wissenschaftlich begründeten Zweifel daran, dass sich die Erde in den letzten Jahrzehnten außergewöhnlich stark erwärmt hat. Trotzdem hatten die Skeptiker mit dem Erschaffen von „Climategate" ihr Ziel erreicht. Die Weltöffentlichkeit hatte vehement über die Existenz der Erderwärmung gestritten. Irgendetwas bleibt am Ende immer hängen. Und dies ist einer der beiden Grundpfeiler, auf dem die Strategie der Skeptiker aufbaut. Die „Argumente" der Skeptiker waren in aller Welt prominent verbreitet worden und so das Vertrauen der Menschen in die Klimaforschung erschüttert. Aus der psychologischen Forschung wissen wir, dass, wenn etwas häufig wiederholt wird, Menschen es zunehmend ernst nehmen,[128] egal wie absurd die Aussage sein mag. Es ist also möglich, Lügen durch pausenloses Wiederholen zu gefühlten Wahrheiten machen. Diesen Sachverhalt machen sich die Skeptiker zunutze. Und darin besteht der zweite Grundpfeiler ihrer Strategie. Die Richtigstellung schließlich, fand in den Medien, so wie von den Skeptikern erhofft, bei Weitem nicht so viel Beachtung wie die Aufdeckung des „Skandals".

## Störfeuer aus Politik und Wirtschaft

Die düstere Aussicht auf eine Heißzeit hat auch damit zu tun, dass sich in den letzten Jahren die politischen und gesellschaftlichen Verhältnisse auf der Welt fundamental geändert haben. Nationalisten und Populisten[129] erhalten immer mehr Zulauf, und diesen Menschen ist offenbar Klimaschutz ein Dorn im Auge. Sachargumente scheinen in der politischen Auseinandersetzung und im gesellschaftlichen Diskurs kaum noch eine Rolle zu spielen. In vielen Ländern ziehen politische Parteien in die Parlamente ein, die in ihren Wahlprogrammen behaupten, dass die Menschheit das Klima nicht nennenswert beeinflussen könne und dass deswegen alles so weitergehen könne wie bisher. Wenn es den anthropogenen Klimawandel gar nicht gibt, erledigt sich natürlich die Frage nach geeigneten Klimaschutzmaßnahmen von ganz allein, und die internationalen Klimaverhandlungen werden obsolet.

Auch in Deutschland sind solche Politiker auf dem Vormarsch. Die Alternative für Deutschland (AfD) greift die Behauptungen der Klimaleugner auf und übernimmt deren Positionen. In der Dresdner Erklärung der AfD aus dem Jahr 2019 heißt es: „Ein besonders schneller oder starker Anstieg der globalen Mitteltemperatur ist derzeit nicht zu beobachten. Ein Einfluss des Spurengases $CO_2$ oder anderer auch durch menschliche Aktivität erzeugten sog. Treibhausgase, ist in den globalen Messreihen für Temperatur, Meeresspiegelanstieg, Sturm/Orkan-Aktivitäten trotz immensen Aufwandes und politischen Druckes auf die Akteure nirgendwo und über keinen Zeitraum – von wenigen Kurzzeitkorrelationen abgesehen – nachzuweisen."[130] Damit widerspricht die Partei schlicht der Wissenschaft und schafft sich ihre eigene Wahrheit. Und diese kommuniziert sie mit einer sehr speziellen Wortwahl. Der AfD-Ehrenvorsitzende Alexander Gauland beispielsweise hatte der *Frankfurter Allgemeinen Zeitung* im Juni 2019 gesagt: „Die Klimahysterie der anderen Parteien wird die AfD nicht mitmachen."[131] Er bezeichnet damit faktenbasierte Klimapolitik als Hysterie, wie Populisten in anderen Ländern auch. So kam es nicht ganz überraschend, dass eine Jury aus Sprachwissenschaftlern der Technischen Universität Darmstadt als das Unwort des Jahres 2019 „Klimahysterie" wählte. Mit dem Wort „Klimahysterie" würden, so die Jury, Klimaschutzbemühungen und die Klimaschutzbewegung diffamiert und Debatten diskreditiert. Der Begriff „pathologisiert pauschal das zunehmende Engagement für den Klimaschutz als Art kollektiver Psychose".[132]

Die AfD verunglimpft zudem den Wissenschaftsstandort Deutschland, wenn sie „vom politischen Druck auf die Akteure" spricht. Diese Worte entlarven nur zu gut die wahren Gedanken der AfD. So hätten es die Vertreter der Partei wohl gerne: die Forschung in ihren Händen. Die Freiheit der Wissenschaft ist in Deutschland glücklicherweise garantiert. Wir Wissenschaftler würden uns auch keinem politischem Druck beugen und damit unsere Forschung verraten. Das Ziel der AfD ist klar: Sie versucht auf nur allzu durchsichtige Art und Weise, die Ängste in der Bevölkerung vor Veränderungen, wie etwa dem Kohleausstieg, für ihre Zwecke ausnutzen. Gleichzeitig wettert die AfD gegen den Ausbau der erneuerbaren Energien.[133] Derzeit versucht die Partei, in mehreren Bundesländern Allianzen mit Windkraftgegnern zu schmieden. Die AfD hat unlängst erklärt, mit dem Thema Energie und Klima als eines ihrer drei Hauptthemen in den kommenden Bundestagswahlkampf zu ziehen.[134] Es droht im Wahlkampf 2021 eine Schlammschlacht gegen die Klimawissenschaften, der sich *alle* Wissenschaften energisch entgegenstellen müssen.

Die AfD steht in Deutschland mit ihren kruden Thesen zum Klimawandel nicht allein in der politischen Arena. Die der CSU nahestehende Werteunion Bayern beispielsweise überschreibt ihr Klimamanifest 2020 wie folgt: „Die Sonne steuert unser Klima, nicht das $CO_2$. Für eine stabile, bezahlbare und sichere Energieversorgung – Gegen Ökodiktatur und pseudowissenschaftliche Untergangspanik."[135] Im dem Manifest heißt es u. a.: „Alle politischen Klimarettungsmaßnahmen basieren auf der Annahme, dass eine Erhöhung der Kohlendioxidkonzentration ($CO_2$) die Erde um ein paar Grad Celsius aufheizt – und diese Annahme ist völliger Unsinn! ‚Junk Science'[136] ist der passende Fachausdruck dafür." Ich finde, die Unionsparteien sollten sich überlegen, ob sie Mitglieder, die so etwas schreiben, in ihren Reihen haben möchten. Nur noch einmal zur Erinnerung: Die auf die Erde treffende Sonnenstrahlung hat sich in den letzten Jahrzehnten kaum geändert und sogar leicht abgenommen, also genau in dem Zeitraum, in dem sich die Erde besonders stark erwärmt hat. Außerdem ist es in der Wissenschaft unumstritten, wie in den Berichten des Weltklimarats nachzulesen, dass die Erderwärmung hauptsächlich durch den Anstieg der Treibhausgase in der Atmosphäre infolge anthropogener Emissionen verursacht worden ist und es zu einem weiteren Temperaturanstieg kommen würde, sollte der Gehalt von Treibhausgasen weiter ansteigen.

Die Ausdrucksweise, die sich die AfD und die Werteunion bedienen, kennt man schon seit einigen Jahren vom amerikanischen Präsidenten Donald Trump. So bekräftigte Trump im Januar 2020 seine unsägliche Haltung zur Klimakrise auf dem 50. Weltwirtschaftsforum in Davos mit den

Worten: „Um die Chancen von Morgen zu ergreifen, müssen wir die ewigen Unkenrufer und ihre Untergangsprognosen zurückweisen. Sie sind die Erben der albernen Wahrsager von Gestern."[137] Dankenswerterweise erklärte Bundeskanzlerin Angela Merkel in ihrer Rede in Davos, dass der Klimawandel „keine Glaubensfrage" sei. Die Wissenschaft ist sich einig: Der Klimawandel ist eine Realität und die Menschheit seine Hauptursache. Die Skeptiker behaupten einfach das Gegenteil und verbreiten, dass die Menschheit nicht imstande sei, das Klima zu ändern, ohne auf ein wissenschaftliches Fundament zurückgreifen zu können. Durch das ewige Wiederholen dieses Mantras besteht die Gefahr, dass immer mehr Menschen diesen Blödsinn glauben. Hier haben auch die Medien eine große Verantwortung. Denn das Wiederholen der „Argumente" der Klimaleugner, um sie hinterher zu entkräften, befördert das Geschäft der Skeptiker, selbst wenn es in bester Absicht geschieht.

Die extrem aggressive und beleidigende Sprache in Bezug auf die Klimaproblematik, die sich die AfD und Teile der Werteunion zu eigen machen, ist ein weiterer Beitrag zu der beklagenswerten Tendenz der Verrohung der Gesellschaft. Diese Leute reklamieren für sich Freiheitsliebe und Meinungsfreiheit, sie akzeptieren aber weder Fakten, noch dulden sie andere Meinungen, wenn sie ihren eigenen Interessen zuwiderlaufen. Sie tarnen sich als seriöse Politiker, die die konservativen Werte bewahren wollen, und sind doch nichts anderes als Menschen, die die Gesellschaft destabilisieren und ein autoritäres Regime einführen wollen. Dazu sind ihnen alle Mittel recht. Dies wurde zuletzt nach der Landtagswahl in Thüringen klar, als die AfD mit einem Taschenspielertrick einen unbedeutenden FDP-Mann zum Ministerpräsidenten des Landes wählte, ungeachtet der Tatsache, dass sie einen eigenen Kandidaten aufgestellt hatte.

Es besteht außerdem seit vielen Jahren eine unheilvolle Allianz zwischen den Klimaskeptikern und Teilen der Wirtschaft. Gerade die multinationalen Energiekonzerne haben in der Vergangenheit nichts unversucht gelassen, um Klimaschutzmaßnahmen zu verhindern. Und sie waren äußerst erfolgreich, wie es die immer noch ansteigenden weltweiten $CO_2$-Emissionen belegen; Kohle, Erdöl und Erdgas boomen nach wie vor. Es bedarf schon eines enormen Aufwands, um dem gesunden Menschenverstand auf globaler Ebene erfolgreich etwas entgegenzusetzen, und dies alles zum Nutzen einer einzigen Branche. Aber die fossile Industrie hat seit Jahrzehnten genau dies getan. Und sie tut es immer noch. Sie betreibt ein ausgeklügeltes und weitverzweigtes Netzwerk von gut finanzierten Think Tanks und Lobbygruppen mit dem Ziel, Zweifel an der menschlichen Klimabeeinflussung zu säen, um strenge Klimaschutzmaßnahmen zu verhindern, ungeachtet der Kosten für die Kampagnen in Milliardenhöhe. Papst Franziskus beklagt ein derartiges Verhalten und schreibt in seiner Umwelt-Enzyklika: „Viele von denen, die mehr Ressourcen und ökonomische oder politische Macht besitzen, scheinen sich vor allem darauf zu konzentrieren, die Probleme zu verschleiern oder ihre Symptome zu verbergen."[138]

Blicken wir weit zurück in das letzte Jahrhundert. 1964 stellte der amerikanische Chirurg Luther Terry einen wegweisenden Bericht vor,[139] der die amerikanische Gesellschaft drastisch verändern sollte. Er leitete ein von Präsident John F. Kennedy eingesetztes Komitee, das die Gefährlichkeit des Tabakkonsums bewerten sollte. Nachdem das Komitee tausende Artikel über das Rauchen und Krankheiten durchgesehen hatte, gelangte es zu dem Schluss, dass Zigaretten Lungenkrebs und wahrscheinlich Herzkrankheiten verursachen und dass die Regierung etwas dagegen unternehmen müsse. Dieser Sachverhalt mag die Führungskräfte in der Tabakindustrie vielleicht bestürzt haben, er hat sie aber nicht davon abgehalten, wie gewohnt weiterzumachen. Ihre oberste Maxime war es, ihr Produkt zu schützen. Die Tabakfirmen starteten eine bemerkenswerte Fehlinformationskampagne, die die Wahrheit über das Rauchen jahrelang erfolgreich vertuschte. Die Unternehmen nutzten ihre enormen finanziellen Mittel, um Zweifel an der Gesundheitsschädlichkeit des Rauchens zu wecken und der medizinischen Forschung das Leben schwer zu machen oder sie zu diskreditieren.

Die Strategie des Verschleierns von Fakten hat eine jahrzehntelange Tradition. So werden in den USA seit vielen Jahren durchgreifende Klimaschutzmaßnahmen ebenfalls durch die gezielte Verbreitung von Fehlinformationen torpediert. 1989 wurde die von einer Reihe großer Industrieunternehmen finanzierte Lobbyorganisation „Global Climate Coalition" (GCC) gegründet, eine Art Frontbewegung der organisierten Klimaleugner. Ihr gehörten u. a. die Mineralölkonzerne Exxon, Mobil, Shell, BP und Texaco sowie die Autohersteller Ford, General Motors und Daimler-Chrysler an.[140] Das Geschäftsmodell der an der GCC beteiligten Unternehmen basierte und basiert noch heute überwiegend auf der Förderung und Verwertung fossiler Brennstoffe. Die GCC wurde vermutlich als Reaktion auf die Einrichtung des Weltklimarats IPCC[141] ins Leben gerufen. Das Umweltprogramm der Vereinten Nationen (UNEP) und die Weltorganisation für Meteorologie (WMO) hatten den IPCC 1988 gegründet mit dem Ziel, zu klären, welche Gefahren vom anthropogenen Klimawandel ausgehen und wie darauf reagiert werden könnte. Der IPCC machte schon 1990, wie oben beschrieben, in seinem ersten Bericht unmissverständlich klar, dass sich die Erde bis zum

Ende des 21. Jahrhunderts um mehrere Grad erwärmen würde, sollten die atmosphärischen Treibhausgaskonzentrationen in der Zukunft weiterhin ansteigen.

Die Aufgabe der GCC war es, die wissenschaftlichen Belege für den anthropogenen Klimawandel durch das systematische Streuen von Zweifeln zu verwässern, um gesetzliche Regelungen zur Senkung der Treibhausgasemissionen zu verhindern. Eine Strategie der GCC bestand darin, die Unsicherheiten in Detailfragen als fundamentale Unsicherheiten über die Ursachen der Erderwärmung darzustellen, um dadurch den Eindruck zu erwecken, dass es in der Klimaforschung überhaupt nicht klar sei, ob es tatsächlich die Menschen sind, die die Erderwärmung verursacht haben. Die GCC verfügte wie die Tabakindustrie über enorme finanzielle Möglichkeiten und war in den USA außergewöhnlich erfolgreich, insbesondere in den Reihen der republikanischen Partei. Obwohl die GCC 2001 aufgelöst wurde, weil sich immer mehr Regierungen zum Klimaschutz bekannten, hat sich zumindest in der Ölindustrie kaum etwas geändert. Die fünf größten börsennotierten Öl- und Gasunternehmen ExxonMobil,[142] Shell, Chevron, BP und Total haben selbst in den drei Jahren nach Unterzeichnung des Pariser Klimaabkommens 2015 mehr als eine Milliarde US-Dollar ausgegeben, um irreführende klimabezogene Berichterstattung und Lobbyarbeit mit dem Ziel zu fördern, fossile Brennstoffe langfristig im Markt zu halten.[143] Und all dies scheint auch die gewünschte Wirkung gehabt zu haben. So waren die USA auf der Weltklimakonferenz in Madrid 2019 nach wie vor einer der Hauptblockierer, obwohl das Land unter Präsident Donald Trump inzwischen den Pariser Klimavertrag gekündigt hat und sich deswegen hätte zurücknehmen sollen. Anstand scheint in der heutigen Zeit wohl keine politische Kategorie mehr zu sein, vielleicht war er es nie. In der amerikanischen Bevölkerung erfährt Präsident Trump große Zustimmung für seinen Kurs in der Klimapolitik. Ungefähr ein Drittel der in den USA lebenden Menschen glaubt ohnehin nicht an die menschliche Klimabeeinflussung, und ein weiteres Drittel ist unsicher.

Besonders dreist war der US-Konzern Exxon. Nach einer Studie der Harvard University[144] hat Exxon die Öffentlichkeit lange Zeit wider besseres Wissen in die Irre geführt, indem der Konzern gezielt Zweifel am anthropogenen Klimawandel und am Einfluss von $CO_2$ auf die Temperatur der Erde schürte. Der Ölriese wusste aber schon früh, dass sein Geschäftsmodell zulasten des Klimas geht.[145] Die Prognosen der hauseigenen Wissenschaftler aus dem Jahr 1982 sagten den heutigen $CO_2$-Gehalt der Atmosphäre und den Anstieg der globalen Mitteltemperatur der Erde ziemlich genau vorher. Trotzdem hatte der Konzern Millionen von Dollar in PR-Kampagnen gesteckt, um Zweifel an den Ergebnissen der Klimaforschung zu säen. Noch 1997 hatte Exxon eine Anzeige in der *New York Times* geschaltet, in der es hieß, dass die Wissenschaft nicht mit Sicherheit vorhersagen könne, ob und wie stark die Erdtemperatur steige, und dass es nicht klar sei, welche Rolle die anthropogenen Treibhausgasemissionen bei der Erderwärmung spielten. Das Verhalten von Exxon hat nun ein gerichtliches Nachspiel.[146] Die Staatsanwaltschaft New York wirft dem Mineralölkonzern vor, Kunden und Anleger über die finanziellen Risiken der Erderwärmung im Unklaren gelassen und ihnen gegenüber falsche Angaben gemacht zu haben, um sie zu weiteren Investitionen zu veranlassen. Es könnte Exxon so gehen wie vor Jahren den Tabakkonzernen, die wegen der Verharmlosung der Gesundheitsrisiken des Rauchens zu empfindlichen Strafen verurteilt worden waren. Egal wie der Prozess für Exxon ausgehen sollte, der Konzern hat sich auf jeden Fall, wie auch die anderen großen Ölkonzerne, am Weltklima versündigt, ein Schaden, der mit Geld nicht wiedergutzumachen ist.

Offensichtlich gab es zudem eine unheilvolle Liaison zwischen der Tabakindustrie und der Energiewirtschaft. Naomi Oreskes, eine Geschichtsprofessorin an der Harvard University, und Erik Conway beschreiben in ihrem Buch *Die Machiavellis der Wissenschaft*,[147] wie einige derselben Institutionen und Personen, die sich vor Jahrzehnten gegen die Flut von wissenschaftlichen Warnungen über die gesundheitlichen Risiken des Tabakrauchs wehrten, zu einem integralen Bestandteil der Bemühungen wurden, politische Maßnahmen zur Senkung der Treibhausgasemissionen zu verhindern.

Fassen wir zusammen. Die Beobachtungen und die Simulationen mit Klimamodellen sprechen eine eindeutige Sprache. Die Erderwärmung ist in erster Linie durch die Menschheit verursacht und die Folge ihres Ausstoßes von Treibhausgasen, allen voran Kohlendioxid. Natürliche Einflüsse scheiden als wesentliche Ursache für den langfristigen Temperaturanstieg aus. Die von den Klimaskeptikern ins Feld geführten „Argumente" sind nicht stichhaltig und halten einer wissenschaftlichen Überprüfung nicht stand. Außerdem haben die Anschuldigungen der Klimaskeptiker gegenüber prominenten Wissenschaftlern und dem Weltklimarat IPCC keine Basis. Wirtschaft und Politik sollten sich vollumfänglich hinter die Wissenschaft stellen.

## Gesellschaftliche Veränderungen

Und noch ein Faktor kommt hinzu, der einen tiefgreifenden weltweiten Klimaschutz verhindert: die sich gerade schnell ändernden gesellschaftlichen Verhältnisse. Wir leben heute in Zeiten von aufkommendem Nationalismus und Populismus. Autokraten gelangen in immer mehr Ländern an die Macht. Dazu kommt ein entfesselter Kapitalismus mit seinem zügellosen Gewinnstreben und die damit in Zusammenhang stehende wachsende Ungerechtigkeit auf der Welt, die durch die inzwischen fast ohne Regeln stattfindende Globalisierung begünstigt wird. Jetzt rächt sich, dass die Politik zu sehr auf den freien Markt gesetzt und Regeln abgeschafft hat, die den Markt hätten zähmen können. Wie kann es angehen, dass Unternehmen ohne Weiteres ihre Produktion in Länder verlagern können, in denen soziale und Umweltstandards kaum etwas zählen und Menschenrechte nur auf dem Papier stehen? Warum zahlen viele international aufgestellte Konzerne lächerlich wenig oder überhaupt keine Steuern und entziehen sich damit der Finanzierung des Gemeinwesens in den Ländern, in denen sie riesige Gewinne einfahren? Was hat die Privatisierung wichtiger gesellschaftlicher Bereiche gebracht, außer dass zum Beispiel skrupellose Geschäftemacher die Mieten diktieren können und in ungeahnte Höhen treiben? Welche Vorteile hat die Ökonomisierung des Gesundheitswesens, außer dass Medizin zu einer Zweiklassengesellschaft wird? Das neoliberale Denken sollte endlich der Vergangenheit angehören, der Markt regelt gar nichts, dient nur einigen wenigen und geht zulasten der allermeisten. Die Digitalisierung und die künstliche Intelligenz schließlich sind im Begriff die Weltwirtschaft von Grund auf zu verändern, ja geradezu zu revolutionieren. All dies führt verständlicherweise zu Ärger, Ängsten und Verunsicherung in großen Teilen der Bevölkerung. Populisten wissen das für ihre Zwecke zu nutzen und verhindern wichtige Weichenstellungen hinsichtlich drängender Fragen, denen sich die Menschheit gegenübersieht.

Wo werden uns die neuen Entwicklungen hinführen? Können wir unseren Wohlstand langfristig sichern, und wenn ja, wie? Was ist mit den traditionellen Arbeitsplätzen? Wenn sie wegfallen, werden sie durch neue ersetzt werden? Werde ich noch die Miete für meine Wohnung zahlen können, die heute schon durch die Decke schießt? Ist die Rente sicher, wenn ich in den Ruhestand gehe? Werde ich mir noch eine gute Medizin leisten können? Viele Menschen haben berechtigte Zukunftsängste. Angst lähmt, weswegen sich viele Menschen die gute alte Zeit zurückwünschen. Die ist aber ein für alle Mal vorbei. Das Lamentieren über die Vergangenheit, in der alles besser war, wird uns nicht weiterbringen. Die gute alte Zeit wird nicht wiederkommen, auch wenn die Populisten der Welt genau dies den Menschen versprechen. In ihrer Verzweiflung schenken viele Menschen den Versprechungen der selbst ernannten Heilsbringer Glauben. Man kann die Populisten aber nur als Rattenfänger bezeichnen. Das Letzte, was ihnen am Herzen liegt, sind die Menschen, die sie wählen. Wir müssen den Blick nach vorne richten, wenn wir nicht unsere Zukunft verspielen wollen. Ich halte es mit Michail Gorbatschow. Angeblich soll der sowjetische Generalsekretär in einem Vier-Augen-Gespräch während seines Besuchs in der DDR 1989 zu Erich Honecker gesagt haben: „Wer zu spät kommt, den bestraft das Leben."

Leider ist die Debatte um den Klimaschutz zusehends ideologisiert. Aber die Dinge sind, wie sie sind. Die Populisten scheinen die Welt zu erobern. Wir müssen die Ursachen des aufkommenden Populismus erkennen. Nur dann kann man ihm wirksam begegnen. Zahlreiche Studien zeigen, dass sich politischer Unmut gerade in solchen Weltregionen artikuliert und mit dem Aufstieg der Populisten zusammenfällt, in denen die Menschen mit gravierenden wirtschaftlichen Veränderungen konfrontiert werden und einen extremen sozialen Abstieg befürchten oder ihn schon haben hinnehmen müssen. Dies gilt zum Beispiel für den „Rust Belt" im Nordosten der USA, die älteste und größte Industrieregion der USA, die einen für kaum möglich gehaltenen Niedergang erleiden musste. In Pennsylvania hielt Donald Trump seine berühmte „Rust-Belt-Rede" und versprach der Region ein Job-Wunder. Auch in Großbritannien gibt es viele heruntergekommene Industrieregionen. Dort haben überdurchschnittlich viele Menschen für den völlig unsinnigen Brexit gestimmt, den Austritt des Vereinigten Königreichs aus der Europäischen Union. Und auch in Deutschland sind die Populisten, genauer die Rechtsaußen im Gewand der AfD, auf dem Vormarsch und in die Parlamente eingezogen. Im Osten des Landes ist die AfD besonders stark und erreicht bis zu ein Viertel der Wählerstimmen, dort wo vielen Menschen nach der deutschen Wiedervereinigung geradezu der Boden unter den Füßen weggezogen worden ist. Wenn wir einen beträchtlichen Teil der Bevölkerung in sich wirtschaftlich schnell ändernden Zeiten ihrem Schicksal selbst überlassen, müssen wir uns nicht wundern, wenn sie für scheinbar einfache Lösungen empfänglich sind. Ein Versäumnis der Politik, gerade in den westlichen Demokratien, war es, die offensichtlichen Probleme in von Strukturwandel betroffenen Regionen, nicht zur Kenntnis zu nehmen. Für die Menschen in diesen Gebieten sind Umwelt- und Klimaschutz zu Reizwörtern geworden, was eine breite gesellschaftliche Akzeptanz für die so notwendigen Klimaschutzmaßnahmen fast unmöglich macht.

Untätigkeit wird uns nicht weiterbringen und spielt nur den Populisten in die Hände. Die Politik muss einen Plan für eine lebenswerte Welt entwerfen und ihn konsequent umsetzen. Leider versagt ein Großteil der Politik bei der Formulierung dieser langfristigen Strategie. Wir müssen Ungerechtigkeit beseitigen oder sie zumindest deutlich abmildern, bevor sie vollends zum Spaltpilz für die Gesellschaft wird. Die Schere zwischen Arm und Reich darf nicht immer weiter auseinandergehen. Der Erfolg in der Schule darf nicht vom Elternhaus abhängen, wie es in Deutschland der Fall ist. Wir müssen den neuen Entwicklungen im Bereich der Digitalisierung und der künstlichen Intelligenz offen gegenübertreten. Wir dürfen sie nicht verteufeln, sondern sollten sie nutzen, gerade wenn es um den Weg in eine klimaneutrale Gesellschaft geht. Denn ohne die neuen technologischen Möglichkeiten ist der Strukturwandel in der Energieversorgung nicht zügig zu realisieren. Wenn die Welt bis zur Mitte des Jahrhunderts ohne fossile Brennstoffe auskommen will, dann werden Digitalisierung und künstliche Intelligenz unerlässliche Begleiter der Energiewende sein müssen, die auf den stark fluktuierenden erneuerbaren Energien und mehr Dezentralität bei der Energieproduktion fußen wird. Wir sollten bei der Entwicklung der Strategie für eine klimaneutrale Gesellschaft aber nicht die Augen vor den sozialen Problemen verschließen, denn ein konsequenter Klimaschutz wird von der Bevölkerung nur akzeptiert werden, wenn es im Land gerecht zugeht und man die Menschen mitnimmt.

Die Ungerechtigkeit auf der Welt nimmt jedoch zu. Wir sollten fragen, warum dies so ist. Und damit sind wir bei der Weltwirtschaft angelangt. Ökologie, Ökonomie und Soziales hängen eben eng miteinander zusammen. Das wussten bereits die Gründerväter des CLUB OF ROME. Und so wird auch der Begriff Nachhaltigkeit in der heutigen Zeit verstanden.[148] Die Wirtschaft scheint inzwischen alle Lebensbereiche zu dominieren, was kontraproduktiv für eine nachhaltige Entwicklung ist. In dem jetzigen Wirtschaftssystem bleiben viele Menschen und auch die Umwelt auf der Strecke. Die Diskussion um ein besseres Wirtschaftssystem wird jedoch oftmals im Keim erstickt. Wir müssen weg von der neoliberalen Agenda, dies sollte inzwischen allen klar sein. Stephen Metcalf schreibt im britischen *Guardian* über den Neoliberalismus: „Er ist die herrschende Ideologie unserer Zeit – eine, die den Gott des Marktes verehrt und uns das nimmt, was uns menschlich macht."[149] Der Neoliberalismus drängt Ökonomien auf der ganzen Welt zu Deregulierung, nationale Märkte zur Öffnung für Handel, und Kapital zwingt und fordert, dass Regierungen sich selbst durch Austerität[150] und Privatisierung bedeutungslos machen.

Ich frage mich schon seit geraumer Zeit, welche Gestaltungsmöglichkeiten Politik heute überhaupt noch hat. Dominieren nicht längst internationale Konzerne die Weltpolitik? Wenn dies so ist, wie kann die Politik wieder das Heft des Handelns in die Hand bekommen? Sie muss auf jeden Fall auf internationale Kooperation setzen und den Märkten die so notwendigen Fesseln anlegen. Die neoliberale Agenda, der sich viele Politiker verschrieben haben, wird sich die Menschheit nicht mehr lange leisten können. Der Neoliberalismus fördert die Ungerechtigkeit auf der Welt, zwischen dem Globalen Norden und dem Globalen Süden[151] wie auch innerhalb von Gesellschaften. Dies ist ein Sprengstoff, der die Welt zerreißen könnte. Systeme mit sehr großen Unterschieden tendieren dazu, instabil zu sein. Dies ist in der Natur so und auch in Gesellschaften. Der Wohlstand breiter Bevölkerungsschichten ist durch den Neoliberalismus in Gefahr, vor allem in den westlichen Industrieländern. Viele Menschen kommen kaum noch über die Runden, obwohl sie Vollzeit arbeiten oder mehrere Jobs haben. Die Menschen sind zu Recht wütend. Leider greifen die falschen Leute, die Populisten, deren Probleme auf. Populisten sind zwar laut, sie sind aber unfähig zur Problemlösung und besitzen überhaupt keine Konzepte für die Zukunft. Und deswegen leugnen sie einfach die Klimakrise.

## Schöne neue Medienwelt

Zu allem Überfluss ändern sich gerade auch noch die Kommunikationsmöglichkeiten in einer Art und Weise, die ich unter dem Stichwort „postfaktische Zeiten" zusammenfassen möchte. Natürlich leben wir streng genommen nicht in einem postfaktischen Zeitalter. Fakten spielen in der öffentlichen Debatte über wichtige Themen, wie der Klimawandel eines ist, immer noch eine wichtige Rolle, zumindest in Deutschland. Der amerikanische Präsident Donald Trump und der Brexit zeigen jedoch, dass man mit systematischem Lügen und mit der Beschimpfung Andersdenkender große politische Erfolge feiern kann. Die durch die Digitalisierung entstandene Krise der traditionellen Medien und das Aufkommen neuer Möglichkeiten der Kommunikation begünstigen die verhängnisvolle Entwicklung zu Fake News, vielleicht haben sie diese überhaupt erst ermöglicht. Das Internet und die sozialen Netzwerke bieten für Populisten, Verschwörungstheoretiker und Interessengruppen willkommene Möglichkeiten der Fehlinformation, für die Verschleierung von Fakten und für Irreführung. Ihre Tweets erreichen die Menschen mit Lichtgeschwindigkeit, ohne Zeitverzögerung. Und zielgenau, denn die heute verfügbaren riesigen Datenmengen, wie die von Facebook, erlauben es, Menschen systematisch mit einseitigen Informationen zu adressieren. Es ist unklar, wie erfolgreich solche Aktivitäten wirklich sind. Ich bin zutiefst davon überzeugt, dass die Wahl Donald Trumps zum amerikanischen Präsidenten und die Abstimmung über den Brexit im Vereinigten Königreich auf diese Weise erheblich beeinflusst worden sind.[152] Außerdem glaube ich, dass das Streuen von Fake News über die neuen Medien durch bestimmte Kreise ein entscheidender Grund dafür ist, dass viele Menschen der Klimaforschung nicht über den Weg trauen. Diesen Eindruck habe ich aus unzähligen Gesprächen mit Bürgerinnen und Bürgern gewonnen. Offensichtlich scheint es durch die neuen Medien ziemlich einfach geworden zu sein, Menschen für unsinnige Behauptungen zu interessieren oder von deren Richtigkeit sogar zu überzeugen.

Die neuen Medien verändern die Diskussionskultur. Sachliche Debatten über wichtige Zukunftsthemen wie die Begrenzung der Erderwärmung auf der Grundlage seriöser wissenschaftlicher Ergebnisse sind kaum noch möglich. Emotionen und Empörung ersetzen Fakten. Gesellschaften polarisieren sich hinsichtlich drängender Probleme, die auf die Menschheit zukommen und für die schnellstens Lösungen gefunden werden müssen. Die gesellschaftlichen Veränderungen, zu denen vor allem auch die sich wandelnde Medienlandschaft zählt, erschweren der Wissenschaft die Vermittlung von Forschungsergebnissen in breite Schichten der Bevölkerung. Früher hat man gesagt, dass Papier geduldig sei. Heute kann man dieses Sprichwort auf das Internet und die sozialen Netzwerke übertragen. Jeder Blödsinn kann dort seinen Platz finden, wird von Followern verbreitet und wird auch nicht wieder aus dem Netz verschwinden. Besuchen Sie bitte die Internetseite von „The Flat Earth Society",[153] eine Vereinigung von Leuten, die nicht an die Kugelgestalt der Erde, sondern an eine flache Erde glauben. Dann werden Sie einen Eindruck davon bekommen, was ich meine. Täglich erreicht mich eine Flut von E-Mails mit seltsamen Theorien zur Erklärung der Erderwärmung oder warum es sie angeblich gar nicht gibt. Oder warum der Mensch gar nicht das Klima beeinflussen kann. Sind die Mails höflich formuliert, antworte ich kurz oder verweise auf seriöse Literatur oder Internetseiten. Oftmals enthalten die Mails aber auch Beleidigungen oder ungeheuerliche Anschuldigungen, zum Beispiel, dass ich Daten fälschen würde oder von finsteren Mächten gesteuert sei. Sie werden jetzt verstehen, warum ich nicht in den sozialen Netzwerken unterwegs bin und auch nicht beabsichtige, dies in Zukunft zu tun.

Die Gesellschaft für deutsche Sprache hat 2016 „postfaktisch"[154] zum Wort des Jahres gewählt, aus meiner Sicht völlig zu Recht. Es heißt in der diesbezüglichen Laudatio: „Sie[155] richtet damit das Augenmerk auf einen tiefgreifenden politischen Wandel. Das Kunstwort postfaktisch … verweist darauf, dass es in politischen und gesellschaftlichen Diskussionen heute zunehmend um Emotionen anstelle von Fakten geht … Immer größere Bevölkerungsschichten sind … bereit, Tatsachen zu ignorieren und sogar offensichtliche Lügen bereitwillig zu akzeptieren." Das Postfaktische treibt mich um. Wieso kann jemand wie der amerikanische Präsident Donald Trump lügen, dass sich die Balken biegen, ohne dass es ihm seine Anhänger krummnehmen? Wo wird uns die Tendenz zum Postfaktischen hinführen? Ist die Menschheit etwa dabei, die Errungenschaften der Aufklärung über Bord zu werfen? Sollen Entscheidungen die Zukunft betreffend nicht mehr vernunftgesteuert sein und auf Fakten basieren? Soll nur noch derjenige an die Schalthebel der Macht gelangen, der am lautesten schreit, Lügen am geschicktesten einsetzt und Versprechungen macht, die jeder rationalen Basis entbehren und niemals eingelöst werden können? Und der sich am Ende vom Acker macht, wenn die Menschen merken, dass hinter den großen Ankündigungen nichts gesteckt hatte.

2017 fiel die Wahl für das Unwort des Jahres auf „alternative Fakten".[156] Die Bezeichnung sei „der verschleiernde und irreführende Ausdruck für den Versuch, Falschbehauptungen als legitimes Mittel der öffentlichen Auseinandersetzung salonfähig zu machen", so die Jury. Der Ausdruck stehe für die sich ausbreitende Praxis, den Austausch von Argumenten auf Faktenbasis durch nicht belegbare Behauptungen zu ersetzen, die dann mit einer Bezeichnung wie „alternative Fakten" als legitim gekennzeichnet würden. Kellyanne Conway, eine Beraterin von US-Präsident Donald Trump, hatte nach dessen Inauguration von alternativen Fakten gesprochen. Sie verteidigte eine falsche Behauptung des damaligen Präsidentensprechers Sean Spicer. Dieser hatte die Zuschauermenge bei Trumps Vereidigung die größte in der US-Geschichte genannt, obwohl Fernsehbilder das Gegenteil zeigten. Das schamlose Verbreiten von Lügen ist ein Indikator für den Niedergang der politischen Kultur. Populisten wie der amerikanische Präsident setzen zudem auf die Ausgrenzung von Minderheiten und auf rassistische Ressentiments. Sie sind damit maßgeblich für die zunehmende Polarisierung und Verrohung der Gesellschaften verantwortlich, ein Befund, der auch auf Deutschland und die AfD zutrifft. Als Klimaforscher muss ich außerdem zur Kenntnis nehmen, dass wissenschaftliche Fakten über den Klimawandel von dieser neuen Politikergarde, die zum überwiegenden Teil aus dem rechten Lager kommt, schlicht geleugnet werden.

Pseudowissenschaftliche Institutionen, wie der Verein „Europäisches Institut für Klima und Energie" (EIKE),[157] nutzen das Internet, um ihre hanebüchenen Behauptungen zu verbreiten, und finden Gehör. Eine wissenschaftliche Einrichtung ist EIKE nicht, Forschung wird dort nicht betrieben.[158] Auf der Internetseite des Vereins steht u. a. zu lesen: „‚Climategate' hat Ende 2009 aufgezeigt, dass die Erwärmung der Nordhemisphäre geringer ausgefallen ist, als vom IPCC dokumentiert." Das ist eine schamlose Lüge, wie ich oben ausführlich dargelegt habe. Die AfD unterhält, wie nicht anders zu erwarten war, enge Beziehungen zu EIKE. Die Skeptikerszene ist überdies weltweit sehr gut vernetzt. Das Recherchezentrum *CORRECTIV* und die ZDF-Sendung *Frontal21* haben dokumentiert, wie das mit Millionenförderung aus der US-Industrie ausgestattete „Heartland Institute" mit Sitz in Illinois (USA), ein nach eigenen Angaben marktwirtschaftlicher Think Tank,[159] Leugner des Klimawandels in Europa und auch in Deutschland unterstützt, um Maßnahmen zum Klimaschutz zu verhindern.[160]

Unbescholtene Wissenschaftlerinnen und Wissenschaftler werden darüber hinaus im Netz angegriffen, als Lügner dargestellt und immer häufiger auch aufs Übelste beschimpft. Ich selbst kann ein Lied davon singen. Die Anonymität des Internets senkt die Hemmschwelle für niederträchtiges Verhalten. Es entsteht in der Gesellschaft eine Atmosphäre des Mistrauens und der Ausgrenzung. Die Wissenschaften laufen Gefahr, völlig unverschuldet, ihre Glaubwürdigkeit zu verlieren. Die Muster sind nur allzu gut bekannt, mit denen Verschwörungstheoretiker und auch die Klimaleugner operieren: Wenn man Zweifel an längst geklärten Sachverhalten streuen möchte, wählt man sich die seriösesten Personen und Organisation aus dem entsprechenden Themenbereich aus und überzieht sie mit Lügen und böswilligen Unterstellungen. Und genau deswegen steht auch der Weltklimarat IPCC im Fokus der Klimaleugner.

Der Weltklimarat ist eine Institution der Vereinten Nationen. Die im Abstand von einigen Jahren vom IPCC publizierten Sachstandsberichte wie auch die Sonderberichte zu bestimmten Themen stellen die umfassendste und belastbarste Quelle zum Stand des Wissens über die menschliche Klimabeeinflussung dar. Und genau dieser Sachverhalt macht den Weltklimarat zur willkommenen Zielscheibe für Verleumdungen. Der IPCC wird von den Klimaskeptikern regelmäßig als Lobbyorganisation verunglimpft, die dubiose Interessen verfolge. Das Internet und die sozialen Medien bieten dafür die ideale Plattform. Aber welche Interessen sollten Tausende von Wissenschaftlerinnen und Wissenschaftler aus aller Herren Länder eigentlich haben, die ehrenamtlich für den IPCC arbeiten? Und dann stellt sich noch die Frage, wer überhaupt die Möglichkeiten besitzt, um seine Interessen machtvoll durchzusetzen. Exxon und die „Global Climate Coalition" haben mit den ihnen zur Verfügung stehenden exorbitanten Geldmitteln, mit denen sie ihre Fake-News-Kampagnen finanziert hatten, die Antwort auf diese Frage selbst geliefert.

## *Gefahr für Demokratie und Freiheit*

Die postfaktischen Tendenzen bringen die Weltordnung ins Wanken und stellen eine große Gefahr nicht nur für die Umwelt, sondern auch für Demokratie, Freiheit und Menschenrechte dar. Ein Beispiel ist Jair Bolsonaro, der seit Januar 2019 Brasilien regiert. Bolsonaro ist ein Rechtsradikaler, der die 1985 zu Ende gegangene Militärdiktatur verklärt und ohnehin nicht viel von Menschenrechten hält. Bolsonaro unterhält – das versteht sich von selbst – ausgezeichnete Beziehungen zum amerikanischen Präsidenten Donald Trump. Er ist, wie Trump, ein Klimaskeptiker und zudem ein Freund der Agrarindustrie, die neue Flächen für den Anbau von Soja und die Rinderzucht von ihm erwartet. Er hat angekündigt, den Amazonasregenwald verstärkt der wirtschaftlichen Nutzung zuzuführen. Bolsonaro betrachtet nach eigenen Aussagen den Regenwald als wirtschaftlich ungenutztes Potenzial. Kritik daran bezeichnet er als Umwelthysterie. Mit Blick auf seine Umweltpolitik soll Bolsonaro sich selbst den Spitznamen „Captain Chainsaw", zu Deutsch Kapitän Kettensäge, gegeben haben.[161]

Seit seinem Amtsantritt hat sich in Brasilien die Abholzung des Amazonasregenwalds extrem beschleunigt. Das geht aus Satellitendaten hervor, die das brasilianische Weltrauminstitut INPE (Instituto Nacional de Pesquisas Espaciais) veröffentlicht hatte. Allein im Juni 2019 war ein Anstieg von etwa 60 Prozent gegenüber dem Juni des Vorjahres zu verzeichnen. Bolsonaro hatte das INPE wegen seiner Berichte scharf kritisiert und den INPE-Chef Ricardo Galvão gefeuert. In den Folgemonaten eskalierte die Situation in der Regenwaldregion, immer mehr Brandstiftungen waren zu verzeichnen. Nach Angaben des INPE gab es bis Mitte August 2019 in Brasilien seit dem Jahresbeginn mehr als

76 000 Waldbrände – ein Zuwachs von 84 Prozent im Vergleich zum Vorjahreszeitraum. Wenn der Ausdruck geistiger Brandstifter auf jemanden zutrifft, dann buchstäblich auf Bolsonaro. Zwischenzeitlich hatte Bolsonaro sogar die Umweltverbände bezichtigt, die Brände gelegt zu haben, mit dem Zweck, mehr öffentliche Aufmerksamkeit zu erhalten. Beweise für diese ungeheuerliche Anschuldigung konnte er bis heute nicht vorlegen. Solche Ablenkungsmanöver mithilfe unglaublich dreister Behauptungen, für die keine Belege vorgelegt werden, kennen wir nur zu gut von Donald Trump. Als Reaktion auf die verstärkte Abholzung im Amazonasregenwald erwägt das Bundesumweltministerium, Zuschüsse in Millionenhöhe zu Waldschutzprojekten in der Region einzufrieren. Leider gibt es in der Bundesregierung keine einheitliche Strategie, wie man mit der Umweltpolitik Bolsonaros umgehen soll. Bolsonaro wie auch Trump versuchen außerdem, die Institutionen durch ihre ewigen verbalen Entgleisungen weichzuschießen. Am liebsten wären sie Absolutisten, und so verhalten sie sich auch. Und sie unterstützen die Superreichen, erhöhen dadurch die Ungerechtigkeit in ihren Ländern, obwohl sie der Bevölkerung genau das Gegenteil versprochen hatten.

Auch in Deutschland nimmt die Ungerechtigkeit zu. Trotz des jahrelangen Aufschwungs sind die Einkommen hierzulande so ungleich verteilt wie nie zuvor. Die Schere zwischen den Wohlhabenden und den unteren Einkommensgruppen hat sich in den vergangenen Jahren noch weiter geöffnet.[162] In einer im Dezember 2019 veröffentlichten Studie der Bertelsmann Stiftung heißt es: „Die Beschäftigungsdaten erreichen in fast allen EU- und OECD-Staaten wieder bessere Werte als auf dem Höhepunkt der Finanzkrise. Dennoch ist das Armutsrisiko kaum gesunken."[163] Im Klartext heißt dies: Arm trotz Arbeit. Was wir gerade erleben, könnte der Beginn der Brasilianisierung der ganzen Welt sein, eine Entwicklung, die der Mathematiker und Wirtschaftswissenschaftler Franz-Josef Radermacher in seinem Buch *Welt mit Zukunft*[164] erklärt. Der Welt, so Radermacher, drohe eine „unakzeptable Wohlstandsverschiebung von der Mehrheit der Menschen zu profitierenden Eliten inklusive der Auflösung der Demokratie, falls sie die ökologischen Probleme zulasten der sozialen Probleme zu lösen versucht". Der Begriff der Brasilianisierung meint also eine globale Zweiklassengesellschaft, bestehend aus einer elitären Oberschicht, die ähnlich wie in Brasilien riesige Reichtümer ansammelt, und einer großen Masse von Menschen, die mehr oder weniger in Armut lebt. Ursprünglich eingeführt wurde der Begriff von dem Soziologen Ulrich Beck in seinem Buch *Schöne neue Arbeitswelt*.[165] In einem Interview mit der *Rheinischen Post* sagte Beck: „In Brasilien sind prekäre Arbeitsverhältnisse und mehrere Jobs parallel schon ganz selbstverständlich. Statt dass sich nun, wie zu erwarten wäre, Brasilien auf Europa zubewegt, geht Europa eher auf Brasilien zu. Wenn wir beispielsweise in Deutschland wieder von Vollbeschäftigung reden, dann nicht vor dem Hintergrund sicherer Berufspositionen, sondern mit unsicheren, temporären und mehreren Beschäftigungen."[166] Das allmähliche Verschwinden der Mittelschicht in den westlichen Demokratien ist ein Alarmsignal und fördert die Sehnsucht vieler Menschen nach dem „Starken Mann". Es sieht fast so aus, dass sich die Welt tatsächlich schon unwiderruflich auf den Weg in die Brasilianisierung aufgemacht hat. Dies wäre natürlich auch eine äußerst schlechte Nachricht für den Umwelt- und Klimaschutz, weil die Eliten in so einer Welt gnadenlos auf Profit aus sind und sich nicht um die Belange der Umwelt kümmern.

Den Trumps und Bolsonaros dieser Welt ist nicht nur die Umwelt völlig egal, sie greifen darüber hinaus auch die Justiz frontal an. Und natürlich haben sie es auch auf die Presse abgesehen, denn Meinungsfreiheit können diese Herren überhaupt nicht gebrauchen. Trump hat die Presse in der Vergangenheit immer wieder als „Feinde des Volkes" bezeichnet. Nur seine Wahrheit soll Verbreitung finden. Ein solches Vorgehen von Staatschefs, nachdem sie die Macht gewonnen haben, erkennen wir auch in einigen europäischen Ländern und in der Türkei. Und auch in Deutschland sind solche Politiker auf dem Vormarsch, denen unsere freiheitliche Grundordnung und die Meinungsfreiheit ein Dorn im Auge sind. Es kommt deswegen auch nicht von ungefähr, dass das Unwort des Jahres 2014 „Lügenpresse"[167] geheißen hatte. Mit dem Wort, so die Jury, würden Medien pauschal diffamiert. Es bleibt zu hoffen, dass die Medien die Angriffe aushalten und sich nicht den auf sie einprügelnden Politikern in vorauseilendem Gehorsam „unterwerfen". Haben die Autokraten erst einmal die Macht erlangt und die Medien unter Kontrolle gebracht, dann können sie sich aufmachen, die Gewaltenteilung auszuhebeln. Die Türkei, Ungarn und Polen lassen grüßen. Ein geradezu widerwärtiges Beispiel kommt aus Österreich. Heimlich gedrehte Aufnahmen aus dem Jahr 2017 dokumentieren ein Treffen zweier österreichischer Spitzenpolitiker der rechtspopulistischem FPÖ mit einer angeblichen Nichte eines russischen Oligarchen in einer Villa auf der spanischen Insel Ibiza, bei dem die beiden Herren ihre Bereitschaft zur Korruption, Umgehung der Gesetze zur Parteienfinanzierung und zur verdeckten Übernahme der Kontrolle über parteiunabhängige Medien bekundeten, als wäre dies das Normalste auf der Welt.[168] Für diese Herren ist es das auch.

Die postfaktischen Zeiten, egal ob man den Begriff nun mag oder nicht, bedrohen das friedliche Zusammenleben der Völker. Sie fördern Spaltung, wo Kooperation vonnöten wäre. Ganze Bevölkerungsgruppen werden ausgegrenzt, Nationalismus tritt an die Stelle von Multilateralismus. Internationale Verträge werden aufgekündigt, so wie das Pariser Klimaabkommen von den USA. Das Klimaproblem können aber nur alle Länder gemeinsam lösen, weil die über viele Jahrzehnte in der Atmosphäre verbleibenden Treibhausgase wie $CO_2$ sich über den Erdball verteilen und deswegen überall auf dem Planeten klimawirksam werden. Es steht viel auf dem Spiel, wenn Personen immer mehr an Zulauf gewinnen und an die Macht kommen, für die Ehrlichkeit und Partnerschaft Fremdwörter sind und die nur ihre eigenen Interessen verfolgen und die ihrer mächtigen finanzstarken Unterstützer. Was kann man in Zeiten von alternativen Fakten, Fake News, Facebook und Twitter überhaupt noch machen, um die Welt nicht an die Rücksichtslosesten unter den Menschen herzuschenken? Die Aufrechten der Welt müssen endlich aufwachen und auf diese Frage schnellstens eine Antwort finden. Viele Menschen verlieren durch die zunehmende Verbreitung von Falschmeldungen das Vertrauen in die Institutionen, die den Kern unserer freiheitlichen Gesellschaft bilden. Die Institutionen dienten angeblich nur einer kleinen und korrupten Elite, so heißt es seitens der Populisten. Deswegen müssten die Institutionen zerschlagen werden. Dagegen muss die Gesellschaft ein Rezept finden. Im Moment sieht es nicht so aus, als wenn sie eines hätte. Es steht nicht weniger als die moderne westliche Gesellschaft samt ihrer Freizügigkeit inklusive der freien Medien und der unabhängigen Justiz auf dem Spiel. Menschen, die Populisten wählen, sollten sich darüber im Klaren sein, wen sie wählen. Wenn die Freiheit erst einmal verloren ist, wird man das Rad nur noch schwer zurückdrehen können. Dies lehrt uns die Geschichte.

Wir dürfen es nicht zulassen, dass sich die Grenze des Sagbaren immer weiter verschiebt. Ich wundere mich ehrlich gesagt, was inzwischen alles in deutschen Parlamenten gesagt werden darf. Alle Bürgerinnen und Bürger sind aufgerufen, undemokratisches Verhalten, Rassismus und die Ausgrenzung von gesellschaftlichen Gruppen zu ächten. Dafür bedarf es vor allem auch strengerer Regeln für die digitale Kommunikation. Die Politik muss die Regeln definieren und knallhart durchsetzen. Beleidigungen und Herabwürdigungen gehören verboten und nicht ins Netz. Die Betreiber von Internetplattformen müssen für die Inhalte auf ihren Seiten Verantwortung übernehmen. Hier tut sich eine interessante Parallele mit der Industrie auf. So wie Produzenten darauf zu achten haben, dass die Umwelt sauber bleibt, sollten die Betreiber von Internetplattformen für Sauberkeit auf ihren Seiten sorgen. Aber wie haben die Regeln für ein sauberes Internet auszusehen, wenn man nicht die Meinungsfreiheit gleich mit einschränken möchte? Diese Debatte ist in vollem Gange, das Ergebnis steht allerdings noch aus. Darüber hinaus müssen die Menschen lernen, mit der Informationsflut im Netz umzugehen, und dieser Lernprozess muss schon in der Schule beginnen. Wenn wir nicht seriöse von unseriöser Information zu unterscheiden lernen, besteht die Gefahr, dass die Menschheit zum Spielball einiger weniger skrupelloser Akteure wird, für die der Planet Erde nichts weiter als eine einzige große Gelddruckmaschine ist. Die Umwelt spielt für diese Leute keine Rolle, und das Leugnen von Umweltproblemen gehört für sie zum Geschäft.

Bei der Diskussion um den anthropogenen Klimawandel haben wir es mit einer grotesken Situation zu tun.

Trotz des seit spätestens Anfang der 1990er Jahre herrschenden Konsenses in der Wissenschaft, dass die Erderwärmung hauptsächlich von den Menschen verursacht ist, der auch von den wissenschaftlichen Akademien aller großen Industriestaaten geteilt wird, lehnen beträchtliche Teile der Bevölkerung in zahlreichen Ländern die menschliche Klimabeeinflussung ab oder sehen zumindest große Unsicherheiten in dem Anteil, den die Menschheit an der Erderwärmung besitzt. Besonders ausgeprägt ist die Ablehnung in den Staaten, in denen große Konzerne aus rein kurzfristigen wirtschaftlichen Erwägungen und mit einem enormen finanziellen Einsatz eine einflussreiche Gegenbewegung geschaffen haben. Auch aus diesem Grund gehört das Weltwirtschaftssystem auf den Prüfstand. Eine Reform der Weltwirtschaft wie auch der Erhalt der Freiheit sind zentral, um eine intakte Umwelt zu garantieren. Gerade in Deutschland wurde dies offensichtlich: In der DDR gab es weder Freiheit noch einen nennenswerten Umweltschutz, in der alten Bundesrepublik schon.

## *Die Coronaviruskrise*

Zwei Dinge möchte ich gleich zu Beginn dieses Kapitels unmissverständlich klarstellen. Erstens: Die Coronaviruskrise ist eine Tragödie globalen Ausmaßes, der man keine guten Seiten abgewinnen kann! Und zweitens: Die Klimakrise wird man nicht dadurch lösen, indem man die Weltwirtschaft gegen die Wand fahren lässt! Es lassen sich aber Muster im Umgang der Menschheit mit der Coronaviruskrise erkennen, die typisch für den Umgang mit allen großen Herausforderungen sind, denen sie sich gegenübersieht, von denen die Klimakrise eine ist.

Im Dezember 2019 nahm eine seit dem Ende des Zweiten Weltkriegs beispiellose globale Krise ihren Lauf. Niemand hatte das Unheil kommen sehen, das in den darauffolgenden Monaten über die Welt hereinbrach. Ein Virus mit dem Namen *Coronavirus Sars-CoV-2 (SARS-CoV-2)*[169] war aus der Tierwelt auf den Menschen übergesprungen und verbreitete sich rasend schnell um den Erdball. Es brach eine Pandemie aus, worunter man eine länderübergreifende globale Verbreitung einer Infektionskrankheit versteht. Anfang Mai 2020 waren weltweit schon ungefähr 3,5 Millionen Menschen infiziert und über 250 000 Menschen an der Virusinfektion gestorben. Ich bin zutiefst besorgt, auch mit Blick auf die Entwicklungsländer, weil dort viele Menschen weder Zugang zu sauberem Wasser noch zu einem Gesundheitssystem haben, und wegen tausender Flüchtlinge in Auffanglagern, die unter unmenschlichen Umständen leben müssen. Der Ursprung der durch das neuartige Coronavirus verursachten Krankheit namens *COVID-19* lag in der chinesischen Millionenstadt Wuhan in der chinesischen Provinz Hubei. Die Provinz mit fast 60 Millionen Einwohnern wurde nach der explosionsartigen Verbreitung der Infektion komplett abgeriegelt, aber viel zu spät.[170] Das Virus war schon dabei, die Welt zu erobern. Kaum ein Land war auf eine Krise einer solchen Dimension vorbereitet gewesen, weswegen die Auswirkungen der Pandemie sehr schnell katastrophale Züge angenommen hatten. Weil der menschliche Körper das Virus nicht kannte, war er ihm im Prinzip hilflos ausgeliefert. Von besonders schweren Krankheitsverläufen hauptsächlich betroffen waren ältere Menschen, Menschen mit Vorerkrankungen und mit einer geschwächten Immunabwehr. Die Gesundheitssysteme stießen an ihre Grenzen, in einigen Regionen waren die Systeme schnell überfordert, hatten der enormen Zahl von Schwerstkranken am Ende nichts mehr entgegenzusetzen und kollabierten. Hier konnten zahlreiche schwer erkrankte Menschen nicht mehr adäquat behandelt werden, zum Beispiel, weil Beatmungsgeräte nicht in ausreichender Zahl zur Verfügung standen, was die Zahl der Todesopfer rapide ansteigen ließ. Wie lange die Pandemie anhalten wird, kann niemand zuverlässig vorhersagen. Man geht davon aus, dass sie erst überwunden sein wird, wenn entweder ein Wirkstoff zur Linderung der schlimmsten Symptome von COVID-19 gefunden oder ein Impfstoff gegen das Virus entwickelt worden ist, was noch viele Monate, vielleicht mehr als ein Jahr dauern kann.

Um das Virus einzudämmen, sollten die Menschen, wenn möglich, zu Hause bleiben. In vielen Ländern waren soziale Kontakte extrem eingeschränkt oder ganz verboten; Bars, Cafés, Restaurants und die allermeisten Geschäfte mussten schließen. Metropolen wie New York waren verwaist – die größte Stadt der USA war besonders stark von der Infektionswelle betroffen. Stillstand allenthalben. Der weltweite Flugverkehr brach ein, Containerschiffe transportierten weniger Waren über die Weltmeere, der Straßenverkehr nahm ab, in einigen Städten mit besonders vielen Infizierten fuhren so gut wie überhaupt keine Autos mehr, und Kreuzfahrtschiffe blieben in ihren Häfen. Die Produktion in Fabriken stand vielerorts still, und der Wirtschaft drohen bisher nicht gekannte Einbußen. Parlamente verabschiedeten mit Rekordgeschwindigkeit Hilfspakete in einer Höhe, an die man vorher nicht im Traum gedacht hatte. Man versuchte mit allen Mitteln, die Kontrolle über das Virus zu erlangen. China, von wo aus das Virus die Welt erobert hatte, hat es nach eigenen Angaben geschafft, die Lage nach einigen Monaten zu stabilisieren und Neuinfektionen weitgehend zu vermeiden. Südkorea konnte als eines der ganz wenigen Länder das Virus in Schach und die Zahl der Infizierten vergleichsweise klein halten, ohne Ausgangsbeschränkungen einzuführen. Länder wie Italien, Spanien oder die USA schafften es nicht. All die Maßnahmen, die man als „Shutdown" eines Landes bezeichnen kann, kamen leider viel zu spät. Im April 2020 befand sich die Welt größtenteils in einem Schockzustand, den bis dahin kaum jemand für möglich gehalten hatte, gesundheitlich, wirtschaftlich und sozial.

Die Coronaviruskrise wirft Fragen auf und lässt Widersprüche erkennen, die für die Bewältigung aller großen Probleme relevant sind, die die Menschheit herausfordern. Es stehen die unkontrollierte Globalisierung, ungezügeltes Profitstreben und die sich immer schneller drehende Welt auf dem Prüfstand, Themen, die vor Ausbruch der Pandemie meistens nur in kleineren Zirkeln oder Denkfabriken wie dem CLUB OF ROME diskutiert worden sind. Könnte nicht ein gewisses Maß an De-Globalisierung, weniger Gewinnstreben, mehr soziales Engagement oder eine gewisse Entschleunigung des Lebens zu mehr Sicherheit, Wohlstand, Gerechtigkeit und Lebensqualität auf der Welt führen? Sollbruchstellen im Weltwirtschaftssystem traten durch die Krise zutage. So offenbarten sich während der Pandemie die Nachteile globaler Lieferketten in schonungsloser Deutlichkeit, zum Beispiel durch die Versorgungslücken bei wichtigen Medizinprodukten. Lange Lieferketten sind auch im Hinblick auf die Klimakrise eine Schwachstelle, zum Beispiel weil die Transportwege wegen zunehmender Wetterextreme häufiger unterbrochen werden.

Populisten, die es zu Regierungschefs gebracht haben, taten anfänglich Warnungen mit dummen Sprüchen ab, wenn man sie auf die drohenden Gefahren durch das Coronavirus hinwies. Diese Herren wurden durch die Krise demaskiert, als Dampfplauderer entlarvt, die keinen Plan besitzen und keine Problemlösungen anzubieten haben. Am Ende mussten sie doch auf die von ihnen so geringgeschätzte Wissenschaft hören, die sie lange Zeit ignoriert hatten, nachdem die Zahl der Infektionen auch in ihren Ländern sprunghaft angestiegen war. Zu diesen Regierungschefs, die zunächst verantwortungsloserweise vor den Gefahren durch das Coronavirus die Augen verschlossen und keine Vorsorge getroffen hatten, zählen der amerikanische Präsident Donald Trump und der brasilianische Präsident Jair Bolsonaro, von denen oben schon die Rede war. Trump hatte im Zusammenhang mit dem Coronavirus von einem „Scherz", Bolsonaro von einer „Fantasie" und einer – von den Medien geschürten – „Hysterie" gesprochen. Ihr durch nichts zu rechtfertigendes viel zu spätes Reagieren auf die Pandemie hat vermutlich tausenden Menschen in ihren Ländern das Leben gekostet. Trump hatte nach Medienberichten schon im Januar 2020 von verschiedenen Stellen Warnungen vor einer dramatischen Infektionswelle erhalten und diese selbstherrlich ignoriert.[171] Es kommt deswegen nicht von ungefähr, dass die USA mit großem Abstand das Land auf der Welt mit den meisten Corona-Infizierten und -Toten sind. Zwischenzeitich starben in den USA mehr als 2000 Menschen täglich, so viele wie in keinem anderen Land. Trump wollte die Schuld an dem Desaster, das sich in seinem Land abspielte, wie gewöhnlich, anderen in die Schuhe schieben, zunächst der Europäischen Union und später der Weltgesundheitsorganisation WHO. Schuld waren natürlich auch die linken Medien und die Demokraten. Der TV-Sender Fox News half bei der Volksverdummung fleißig mit und stellte sogar die Opferzahlen infrage. Wird Donald Trump bei der anstehenden Präsidentschaftswahl im November 2020 die Quittung für sein Versagen während der Coronaviruskrise bekommen? Im Moment sieht es nicht danach aus. In Deutschland waren es Vertreter der AfD, die sich völlig unangemessen in der Öffentlichkeit verhalten und sich in größeren Gruppen getroffen hatten, obwohl Virologen davon dringend abgeraten hatten, um die Ausbreitung der Infektion zu begrenzen. Diese Art Politiker sieht, wenig überraschend, auch in der menschlichen Klimabeeinflussung nur ein Hirngespinst durchgeknallter Wissenschaftler. Ihnen dürfen wir die Welt nicht überlassen.

Globale Krisen, das zeigt die Coronaviruskrise überdeutlich, können nur von der Weltgemeinschaft gemeinsam gelöst oder abgemildert werden. Dies gilt selbstverständlich auch für die Klimakrise. Politik, Wirtschaft, Wissenschaft und Zivilgesellschaft müssen bei der Bewältigung von Krisen Hand in Hand arbeiten. Populisten und Nationalisten lehnen dies ab und sind deswegen unfähig, Krisen vernunftgesteuert zu managen. Sie würden mit ihrer Unberechenbarkeit die Welt ins Elend stürzen. Die Coronaviruskrise verdeutlicht, dass die Welt im Begriff ist, auseinanderzubrechen. Länder handeln so, wie es ihnen in den Kram passt, ohne Rücksicht auf den Rest der Welt. Selbst in Europa gingen die Schlagbäume an Ländergrenzen runter, als die Zahl der Infizierten schnell anstieg, wodurch sich die Lage nur noch verschlimmert hatte. So wurde der Warenverkehr über Ländergrenzen behindert, in Zeiten langer Lieferketten die schlimmste Maßnahme, die man treffen kann. Das sichtbare Zeichen hierfür waren die über 40 Kilometer langen Lkw-Staus an der deutsch-polnischen Grenze. Krisen sind auch immer eine Gefahr für die Demokratie. So nutzte der Ministerpräsident des EU-Landes Ungarn, Viktor Orbán, die Gelegenheit, um aus dem Land endgültig eine Diktatur zu machen. Das ungarische Parlament stimmte während der Corona-Pandemie seiner eigenen Entmachtung in Form eines Notstandsgesetzes zu,[172] das man als Ermächtigungsgesetz bezeichnen kann. Es erlaubt Orbán, auf unbegrenzte Zeit mit Dekreten zu regieren. Nicht nur ist das Parlament kaltgestellt, sondern kritische Journalisten sind ab jetzt von Haftstrafen bedroht. Vielleicht darf man in diesem Zusammenhang daran erinnern, dass die Europäische Union 2012 mit dem Friedensnobelpreis ausgezeichnet worden ist. Geschlossene Grenzen und das Aushöhlen der Demokratie, wie es auch in Polen geschieht, hat das Nobelkomitee mit der Verleihung des Preises sicher nicht gemeint. Der Mangel an weltweiter Kooperation hat mit dazu beigetragen, dass sich das Coronavirus so schnell über den Erdball ausbreiten konnte und inzwischen das Leben von Abermillionen Menschen bestimmt. Hätte die Welt schon im Dezember 2019 auf die ersten Anzeichen der bevorstehenden Pandemie reagiert – dies gilt vor allem für die Machthaber in China und ihrer anfänglich nicht existenten Kommunikation nach innen und außen –, hätte man vielleicht das Schlimmste noch verhindern können. Der Mangel an internationaler Kooperation ist der wichtigste Grund dafür, dass die Menschheit auch bei der Lösung des Klimaproblems und anderer drängender Fragen auf der Stelle tritt.

Krisen zeigen Unzulänglichkeiten auf. Hierzu zählt die zunehmende Ökonomisierung vieler Lebensbereiche. Oben habe ich die Lieferengpässe bei Medikamenten angesprochen wie auch die mangelnde Arzneimittelforschung in für die Menschheit existenziellen Bereichen. So findet kaum noch Forschung für neue Antibiotika statt. Gewinnmaximierung darf nicht über allem stehen, schon gar nicht über dem Wohl der Menschheit. Die Ökonomisierung des Lebens trifft die Gesundheitssysteme besonders hart, was durch die Coronaviruskrise offenkundig geworden ist. Gerade in den USA ist das Gesundheitssystem extrem profitorientiert. Das amerikanische System ist eines der teuersten der Welt, aber auch eines der am wenigsten effizienten. Viele Menschen in den USA können sich von ihrem Einkommen keine Krankenversicherung leisten. Gute Medizin zu jeder Zeit gibt es dort nur für Reiche. Der Kapitalismus zeigte sich in den USA während der Corona-Pandemie von seiner grausamsten Seite. Aufnahmen von Massengräbern auf der zum Stadtgebiet von New York gehörenden Insel Hart Island gingen um die Welt, in denen die Ärmsten bestattet wurden.[173] Man begann zu ahnen, was das Wort Selbstverantwortung in letzter Konsequenz bedeutet, das aus dem Wortschatz der Verfechter des Neoliberalismus nicht wegzudenken ist. Viele Menschen waren der Verzweiflung nahe, weil es in den USA so gut wie keine soziale Absicherung gibt. „Hire and Fire" (Heuern und Feuern) ist ein Beispiel dafür, Millionen von Menschen wurden praktisch über Nacht arbeitslos. Kündigungsschutz existiert in den USA nicht, und so etwas wie Kurzarbeitergeld, das sich in Deutschland als sozialer Stabilisator bewährt hat, gibt es in dem Land der unbegrenzten Möglichkeiten auch nicht. Zur Eskalation der Lage in den USA hat zu Beginn, wie bereits erwähnt, auch Präsident Trump beigetragen, weil er die Warnungen seiner Berater nicht ernst genommen und es versäumt hatte, das Land auf die Infektionswelle vorzubereiten. Als die Lage außer Kontrolle geriet, versuchte Trump sich als erfolgreicher Krisenmanager zu inszenieren, der Schlimmeres verhindert hätte.

Auch Deutschland ist von der Ökonomisierung des Gesundheitswesens betroffen. Deutsche Krankenhäuser hatten schon vor der Coronaviruskrise an der Grenze ihrer Möglichkeiten gearbeitet. Pflegekräfte wurden schlecht entlohnt und bekamen immer mehr Aufgaben zugewiesen. Ärzte und Pflegekräfte mussten bis zur körperlichen und seelischen Erschöpfung ihren Dienst leisten. Dies soll sich jetzt ändern. Es verwundert nicht, dass viele Jobs im Gesundheits- und Pflegebereich nicht besetzt werden konnten oder dass qualifizierte Kräfte aus Deutschland in die Schweiz oder nach Skandinavien abwanderten, wo die Arbeitsbedingungen erheblich besser sind. Jetzt werden Menschen, die im Gesundheits- und Pflegesektor arbeiten, zu Recht gefeiert. *Sie* waren und sind es, die systemrelevant sind. Nicht die Banker, die mit fremdem Geld spekuliert hatten, die Welt vor gut einem Jahrzehnt in eine Finanzkrise stürzten und dafür mit Boni oder Abfindungen in Millionenhöhe entlohnt wurden. Am Ende musste dann noch Steuergeld ihre Banken retten. Der Dank an die Ärzteschaft und an die Pflegekräfte, den ich aus vollem Herzen unterstütze, kommt spät. Sie hatten schon lange vor Ausbruch der Pandemie auf die nicht tragbaren Verhältnisse im Gesundheits- und Pflegebereich aufmerksam gemacht, fanden aber wenig Gehör. „Undank ist der Welten Lohn." Das

Gleiche gilt für Polizisten, Menschen, die in den Rettungsdiensten arbeiten, oder für Feuerwehrleute und viele andere Berufsgruppen wie die Frauen an den Supermarktkassen, die tagtäglich ihren unschätzbaren Dienst an der Gesellschaft leisten und dafür nicht wertgeschätzt werden. So wie immer mehr Menschen leidet auch die Umwelt an der Ökonomisierung der Welt. „Wirtschaft kommt vor Umwelt." Diese Gleichung geht nicht auf. Wirtschaft und Umwelt bedingen einander und müssen im Gleichweicht sein. Ohne eine gesunde Umwelt und ein intaktes Klima wird es auch keine florierende Wirtschaft geben können.

Es zeichnen sich Parallelen zur Klimakrise ab, wenngleich die Pandemie noch nicht einmal ihren Höhepunkt erreicht hat. Aber, das versteht sich von selbst, es bestehen auch gravierende Unterschiede. So ist die Geschwindigkeit der Krisenentwicklung eine völlig andere. Während sich die Coronaviruskrise innerhalb von einigen Wochen entwickelte, laufen die Veränderungen im Zusammenhang mit dem Klimawandel über Jahrzehnte, zum Teil über Jahrhunderte ab. Gleichwohl handelt es sich bei beiden Krisen um Phänomene, bei denen Beschleunigungseffekte wichtig sind. So verdoppelt sich die Zahl der Virusinfektionen alle paar Tage, wenn man keine Gegenmaßnahmen trifft. Die absolute Zahl der Infizierten war zu Beginn der Pandemie relativ klein, auf China begrenzt und hatte nur bei Wissenschaftlerinnen und Wissenschaftlern die Alarmglocken schrillen lassen. Am 22. Januar 2020 lag die Zahl der bestätigten Infizierten global bei „nur" etwas über 20 000. Anfang Mai 2020 war die Zahl der weltweit bestätigten Fälle schon auf ungefähr 3,5 Millionen und die der Todesopfer auf über 250 000 angestiegen. Inzwischen versteht jeder, was exponentielles Wachstum bedeutet. Auch beim Klimawandel gibt es Beschleunigungen. Der durch die Erderwärmung verursachte Meeresspiegelanstieg beispielsweise belief sich im 20. Jahrhundert auf durchschnittlich 15 Zentimeter, entsprechend einer Rate von 1,5 Millimetern pro Jahr. Allein seit Beginn der Satellitenmessungen 1993 ist der Meeresspiegel um fast 10 Zentimeter angestiegen, d. h. um 3,5 Millimeter pro Jahr, was mehr als einer Verdopplung der Anstiegsrate gegenüber der im 20. Jahrhundert entspricht. Eine weitere Beschleunigung gilt in der Wissenschaft als sicher. Sowohl für die Coronavirus- als auch die Klimakrise gilt: Wenn man gar nicht oder zu spät gegensteuert, spielt man mit der Welt Russisch Roulette.

Was mich sehr besorgt, ist die Tatsache, dass sich die Menschheit nicht auf existenzielle Bedrohungen vorbereitet oder versucht, falls möglich, sie ganz zu vermeiden, selbst wenn die Risiken hinlänglich bekannt sind. Dies gilt sowohl für die Coronaviruskrise als auch die Klimakrise. Die Wissenschaften haben in der Vergangenheit wiederholt mit überaus deutlichen Worten auf beide Bedrohungen hingewiesen, ihre Warnungen verhallten jedoch aus vielerlei Gründen. Vorsorge wurde so gut wie nicht getroffen. Es handelt sich also um Katastrophen mit Ansage. Dass ein neuartiges Virus zu einer Pandemie führen kann, sollte in der Politik niemanden überraschen. In einer Drucksache des Deutschen Bundestages aus dem März 2013[174] wird ein Szenario des Robert Koch-Instituts vorgestellt, das man getrost als Blaupause für die jetzt ablaufende Pandemie bezeichnen kann. Durchgespielt wurde in dem Szenario von damals eine Pandemie, ausgelöst durch einen hypothetischen neuartigen Erreger, durch das Virus „Modi-SARS". In der Studie wurde die Überlastung des Gesundheitssystems und selbst der mögliche Mangel an „Arzneimitteln, Medizinprodukten, persönlichen Schutzausrüstungen und Desinfektionsmitteln" thematisiert. Die Eintrittswahrscheinlichkeit für das Szenario wird in der Studie mit „bedingt wahrscheinlich" eingestuft, „ein Ereignis, das statistisch in der Regel einmal in einem Zeitraum von 100 bis 1000 Jahren eintritt". Eine solche Eintrittswahrscheinlichkeit mag als klein erscheinen, sie ist aber nicht so gering, als dass sich ein Land auf solch ein Ereignis nicht vorbereiten müsste. Zur Erinnerung: Die Wahrscheinlichkeit für eine Nuklearkatastrophe, wie die in Fukushima 2011, war ebenfalls äußerst klein gewesen, und trotzdem kam es zum Super-GAU, und dies nach der Reaktorkatastrophe von Tschernobyl 1986 schon zum zweiten Mal. Deutschland hat mit dem Atomausstieg bis 2022 erfreulicherweise die Konsequenzen aus den beiden Reaktorkatastrophen gezogen. Gesellschaften müssen sich mit potentiell katastrophalen Ereignissen mit kleinen Eintrittswahrscheinlichkeiten auseinandersetzen, sie möglichst vermeiden oder sich auf solche Situationen so gut wie möglich vorbereiten, damit die Lage bei Eintritt eines solchen Ereignisses nicht außer Kontrolle gerät, wie es bei der Coronaviruskrise, zumindest teilweise, der Fall war. Die Klimageschichte lehrt uns, dass das Erdsystem auf äußere Einflüsse mit unangenehmen Überraschungen, wie zum Beispiel Sprüngen, reagieren kann, selbst wenn sich die externen Faktoren allmählich über viele Jahrtausende entwickeln. Abrupte Klimaänderungen, die sich innerhalb weniger Jahrzehnte abspielen, können fatale Folgen für die Menschheit haben. Einige Erdsystemkomponenten könnten in den kommenden Jahrzehnten kippen, auch wenn die Wahrscheinlichkeit vielleicht gering sein sollte. So besteht die Möglichkeit, dass die Meeresspiegel schon gegen Ende des Jahrhunderts um weitere zwei Meter ansteigen, sollten die kontinentalen Eismassen auf Grönland und in der Antarktis schneller instabil werden als landläufig angenommen. Die Frage steht im

Raum, gerade im Hinblick auf die Klimakrise, wie sich die Menschheit auf Ereignisse mit geringer Eintrittswahrscheinlichkeit und großem Verlustpotenzial („low probability – high impact") vorbereiten will.

Beim Umgang der Weltgemeinschaft mit der Klimakrise spielen die Skeptiker und das Verbreiten von Fake News eine unrühmliche Rolle, wie ich oben ausführlich dargelegt habe. Dieses Phänomen konnte man leider auch während der Diskussion um die Gefährlichkeit des Coronavirus erleben. Auf einmal waren sie da, die lautstarken Zweifler, die der Gesellschaft weißmachen wollten, dass keine außergewöhnliche Gefahr von dem Virus ausgehen würde.[175] Einige Medien gaben diesen Leuten eine große Bühne, und Millionen von Menschen in Deutschland wurden über die Bildschirme fehlinformiert. Dies hat mit dazu geführt, dass die Appelle der Politik, soziale Kontakte möglichst zu vermeiden, von den Menschen zunächst nicht ernst genommen wurden. Und natürlich waren und sind jetzt auch die Verschwörungstheoretiker zur Stelle und überziehen das Netz mit ihren kruden Behauptungen, zum Beispiel, dass es sich bei der Coronaviruskrise um einen Anschlag handeln würde. Die Welt muss endlich einen Weg finden, den Skeptikern und Verschwörungstheoretikern das Handwerk zu legen, wenn es um existenzielle Belange der Menschheit geht.

Nachdem man sie überstanden hat, verleiten Krisen die handelnden Akteure oftmals zu Schnellschüssen. Die Menschheit muss nach Corona die richtigen Schlussfolgerungen ziehen und versuchen, mehrere Probleme gleichzeitig anzugehen. Eine reine Fixierung auf den Wiederaufbau der Wirtschaft wäre unangebracht. Es darf nicht sein, dass nach Corona Klima- und Umweltschutz oder andere wichtige Weichenstellungen für eine nachhaltige Entwicklung der Welt erst einmal hintangestellt werden. Nein, die so notwendige Unterstützung der Wirtschaft muss sich auch an Nachhaltigkeitskriterien orientieren. Sonst drohen noch größere Krisen wie zum Beispiel ein Klimakollaps. Das Weltwirtschaftssystem gehört reformiert, es muss viel stärker die Bedürfnisse der Menschen ins Zentrum seiner Aktivitäten stellen. Himmelschreiende Ungerechtigkeiten gehören abgebaut und nicht zementiert. Gerechte Löhne überall auf der Welt sind ein Aspekt in diesem Zusammenhang. Außerdem darf Wohlstand nicht zulasten der Umwelt gehen. Es bedarf einer weitgehenden Entkopplung von Wachstum und Ressourcenverbrauch. Ein intaktes Klima, Artenvielfalt oder gesunde Ozeane sind für das Wohlergehen der Menschheit unerlässlich. Die Menschheit darf die Umwelt nicht aus den Augen verlieren, weil andere Dinge wie der Wiederaufbau der Wirtschaft als wichtiger erscheinen. Verzögerungen beim Klimaschutz in Deutschland beispielsweise, etwa bei der Einführung des $CO_2$-Preises oder beim Kohleausstieg, wie sie jetzt schon lautstark gefordert werden, wären völlig unangebracht und würden die Krisenanfälligkeit der Gesellschaft erhöhen, genauso wie das Überdenken des European Green Deals, mit dem die Europäische Union bis 2050 klimaneutral werden will.[176] Machen wir uns nichts vor. Wenn wir die Erderwärmung nicht begrenzen, wird der Planet außer Rand und Band geraten. Nach Corona wird ein Wiederaufbau der Weltwirtschaft auf jeden Fall möglich sein. Nach einem Klimakollaps nicht!

Krisen können anstehende Entwicklungen beschleunigen und eröffnen auch neue Möglichkeiten. Als Beispiel soll hier die Digitalisierung dienen. Sie jagt einigen Menschen immer noch Angst ein, half aber beim Umgang mit der Coronaviruskrise. Die Digitalisierung wurde in vielen Fällen als etwas Segensreiches wahrgenommen, selbst von Personen, die bis dahin der Technologie eher skeptisch gegenübergestanden hatten. So konnten Familien und Freunde trotz des Gebots des „Social Distancing" Kontakte über die neuen digitalen Kommunikationsmöglichkeiten aufrechterhalten. Zahlreiche Menschen waren durch die Digitalisierung in der Lage, trotz der Krise weiterhin ihren Beruf auszuüben, und arbeiteten von zu Hause aus, so wie ich auch. Viele entgingen durch das Homeoffice außerdem noch dem Stress des Pendelns. Mehr Homeoffice in der Zukunft wäre ein geeigneter Schritt, um den Verkehrsinfarkt in Ballungsgebieten aufzulösen. Es würde außerdem ein stressfreieres Leben ermöglichen und käme überdies Luftqualität und Klima zugute. Videokonferenzen ersetzten während der Krise persönliche Treffen. Arbeitsgruppensitzungen und sogar ganze Konferenzen fanden als Online-Veranstaltungen statt. Solche virtuellen Formate würden helfen, auch den überregionalen Verkehr zu Land und den Luftverkehr auf ein „vernünftiges" Maß zurückzufahren. Studium und Schulunterricht mussten nicht komplett eingestellt werden. E-Learning war angesagt. Vorlesungen an Hochschulen und Universitäten wurden online gehalten. Schülerinnen und Schüler wie auch Lehrerinnen und Lehrer freundeten sich mit dem Homeschooling an. Das digitale Lernen eröffnet ganz neue Möglichkeiten. Studierende und Schulkinder könnten beispielsweise virtuelle Experimente auf dem Laptop durchführen, ohne dafür Gerätschaften oder Materialien in Anspruch nehmen zu müssen, und dies überall auf der Welt. E-Learning, das im Idealfall zu einer gerechteren Welt mit gleichen Bildungschancen führen kann, hat während der Krise einen enormen Push bekommen. Versuchen wir, aus der Coronaviruskrise für die Zukunft zu lernen. Übrigens: Der $CO_2$-Gehalt der Atmosphäre hat im Mai 2020 trotz des Lockdowns einen historischen Höchstwert erreicht.

# Was wir tun müssen

## Ein schneller Umbruch ist vonnöten

Um doch noch den Planeten vor einer gefährlichen Überhitzung zu bewahren, bedarf es eines völligen Umdenkens – in allen Lebensbereichen. Die Uhr tickt. Radikale Maßnahmen sind gefragt wie zum Beispiel ein kompletter Umbau der weltweiten Energiesysteme spätestens bis zur Mitte des Jahrhunderts: weg von den konventionellen hin zu den erneuerbaren Energien. Das schreckt viele Menschen ab, weil die Herausforderung in der Tat riesengroß ist. Sie fürchten sich vor tiefgreifenden Veränderungen. Das Ringen um den Kohleausstieg in Deutschland hat dies verdeutlicht. Spätestens 2038 soll keine Kohle mehr verstromt werden, nach Möglichkeit schon 2035.[177] Es könnte aber deutlich schneller mit dem Ausstieg aus der Kohle gehen. Deutschland exportiert seit Jahren beträchtliche Strommengen und war im Januar 2019 mit einem Rekordexportüberschuss von 7,2 Terrawattstunden (TWh) noch vor Russland mit 1,4 TWh der größte europäische Stromexporteur. Damit lag der Exportüberschuss um 13 Prozent höher als im bisherigen Rekordmonat Januar 2016 und entsprach 74 Prozent[178] der Stromerzeugung aus Braunkohle. Ein früherer Kohleausstieg würde die Energiesicherheit in Deutschland in keiner Weise gefährden, wenn er mit einem Zubau an erneuerbarer Energie einhergeht.

Mit der Physik kann man nicht verhandeln und mit der Natur keine Kompromisse schließen. Der deutsche Kohlekompromiss ist ein typischer politischer Kompromiss und nicht von naturwissenschaftlichen Gesichtspunkten geleitet. Außerdem lässt er manche Hintertür offen. Und schließlich war der Kompromiss nur eine Empfehlung gewesen und für die Bundesregierung in keiner Weise bindend. In der Tat hat die Bundesregierung den Vorschlag der Kohlekommission nicht eins zu eins umgesetzt. Durch die Abweichung vom ursprünglichen Plan gelangen über 130 Millionen Tonnen $CO_2$ mehr in Luft.[179] Zudem sendet der deutsche Kohlekompromiss das falsche Signal in die Welt. Kohleländer wie Polen mit einem Kohleanteil von derzeit fast 80 Prozent am Strommix können sich hinter Deutschland verstecken. Das Land möchte 2050 immer noch bei einem Kohleanteil von 50 Prozent sein. In dem Tempo darf die Welt nicht weitermachen, wenn man das Pariser Klimaabkommen wirklich ernst meint. Der Schutz der Umwelt ist die Grundlage für Wohlstand und Frieden auf der Erde. Umgekehrt sind Wohlstand und Frieden auch der Garant für eine intakte Umwelt, denn Menschen sollten nicht gezwungen sein, ihre Umwelt zu zerstören, um überleben zu können.

Angst vor Veränderungen sind verständlich, aber oftmals unbegründet. Technologische Umbrüche können durchaus segensreich sein, selbst wenn sie innerhalb weniger Jahre oder Jahrzehnte erfolgen. Ein Beispiel ist der Übergang vom Festnetz- zum Mobiltelefon und schließlich zum Smartphone. Am 13. Juni 1983 brachte Motorola mit dem Dynatac 8000 das erste Mobiltelefon auf den Markt. Es war rund 800 Gramm schwer und 33 Zentimeter lang. Kaum jemand hatte damals den radikalen Umbruch in der Telekommunikationstechnologie und seine enorme Geschwindigkeit vorhergesehen. Heute ist das Smartphone nicht mehr aus unserem Leben wegzudenken und zum integralen Bestandteil der digitalen Welt geworden. Es hat uns zuletzt auch in der Coronaviruskrise gute Dienste geleistet.

Wir müssen jetzt in Sachen Klimaschutz radikal schnell sein, um verlorene Zeit wieder aufzuholen. Viel zu lang haben wir abgewartet, um zu sehen, was passiert. Eine radikal schnelle Umkehr kann gelingen. Die auf den fossilen Brennstoffen basierende Weltwirtschaft ist nicht alternativlos. Schnelle Übergänge zu neuen Technologien sind möglich. Das wissen wir aus der Vergangenheit. Blicken wir also kurz zurück. Der Übergang vom Pferdewagen zum Automobil vor gut einem Jahrhundert hat nur etwa ein Jahrzehnt gedauert. So eine durchgreifende Mobilitätswende steht der Welt jetzt erneut bevor. Viele Entscheider in Politik und Wirtschaft wollen sich dies nicht eingestehen. Die Debatte um die Dieselfahrzeuge in Deutschland zeigt es: Wir klammern uns krampfhaft an althergebrachte Technik, bereits existierende saubere Mobilitätslösungen finden so gut wie keine Anwendung. Gerade in Deutschland ist man auf diesem Feld besonders langsam. Wir sind bereit, selbst erhebliche Risiken für Umwelt und Gesundheit in Kauf zu nehmen, und verschlafen es, bei den neuen Entwicklungen ganz vorne mit dabei zu sein. Das Auto hat keine Zukunft. Die gehört den integrierten Mobilitätskonzepten in der digitalisierten Welt und nicht dem Individualverkehr. In der neuen Welt wird das autonome Fahren eine wichtige Rolle spielen, elektrisch und ganz ohne Emissionen, egal ob es Stickoxide sind, die die Luftqualität beeinträchtigen oder $CO_2$, das das Klima aufheizt. Mobilität wird zu einer Serviceleistung werden. Das schont Ressourcen, weil der Serviceanbieter ein ureigenes Interesse daran hat, dass seine Produkte so lange wie möglich halten. Die Menschheit muss sich schnellstens von der Wegwerfgesellschaft verabschieden, nicht nur im Verkehrssektor. Umwelt- und Klimaschutz sind dringlicher denn je und alles andere als wirtschaftsfeindlich. Ganz im Gegenteil, sie sind der Innovationsmotor schlechthin und zugleich der Wegweiser in eine bessere Welt.

Es geht auch um globale Gerechtigkeit. Wenn die Menschen auf der Sonnenseite des Lebens dies endlich begreifen und die armen Länder nicht mehr ausbeuten, wenn die Länder des Nordens und des Südens fair miteinander kooperieren und Handel keine Einbahnstraße ist, sehe ich mit Optimismus in die Zukunft. Die Mittel zur Lösung der großen Weltprobleme, zu denen zweifellos das Klimaproblem zählt, hätte die Menschheit allemal. Welche Welt wollen wir eigentlich den nachfolgenden Generationen überlassen? Eine Welt, in der sie die Zeche für unseren Egoismus zahlen, für unser „Nach uns die Sintflut"-Denken? Sollen die nachfolgenden Generationen für die Vogel-Strauß-Politik bezahlen, die allenthalben um sich greift, dafür, dass wir die Probleme einfach ignorieren, obwohl wir für sie verantwortlich sind? Eine Welt, in der die Schätze der Erde aufgebraucht sind und die Weltwirtschaft darniederliegt? In der die Natur weitgehend zerstört ist und die Lebensbedingungen katastrophal sind? Eine Welt mit Flüchtlingsströmen biblischen Ausmaßes, in der kriegerische Auseinandersetzungen an der Tagesordnung sind, weil zum Beispiel das Trinkwasser in manchen Regionen knapp geworden ist?

## Klimapolitik oder Wortakrobatik

Die Politik steht vor einer gewaltigen Herausforderung, will sie das Klimaproblem noch lösen. Die intensive wissenschaftliche Debatte rund um die anthropogene Klimabeeinflussung begann schon in den 1970er Jahren. Bereits damals war klar, dass die Menschheit die Erdtemperatur hauptsächlich durch zwei Faktoren beeinflussen kann. Einerseits durch Treibhausgase, insbesondere $CO_2$, was den Planeten erwärmt. Andererseits durch sogenannte Aerosole, die kühlend wirken. Die Hauptquelle sowohl für das $CO_2$ als auch für die Aerosole ist die Verbrennung der fossilen Brennstoffe. Ende der 1970er Jahre wuchs die Gewissheit in der Wissenschaft, dass die Gefahr einer drastischen globalen Abkühlung nicht bestehen würde, obwohl sich die Erdtemperatur seit den 1940er Jahren etwas verringert hatte (Abb. 1). Die Wissenschaft hatte damit den Ausstoß von Treibhausgasen als das überragende Klimaproblem erkannt und begann, die Dramatik einer übermäßigen globalen Erwärmung zu begreifen, wie zum Beispiel die Zunahme von Wetterextremen oder den Anstieg der Meeresspiegel um mehrere Meter. Die Sorge um die anthropogene Klimabeeinflussung und das lückenhafte Wissen über die Klimadynamik führten 1975 u. a. zur Gründung des Max-Planck-Instituts für Meteorologie in Hamburg,[180] einem der weltweit führenden Klimaforschungsinstitute.

Vor dem Hintergrund der wissenschaftlichen Ergebnisse und des schnell steigenden atmosphärischen $CO_2$-Gehalts fand 1979 in Genf die erste Weltklimakonferenz[181] statt, die von der Weltorganisation für Meteorologie (WMO) unter dem Dach der Vereinten Nationen organisiert wurde. Die Konferenz war eine Art Weltkonferenz der

Experten für Klima und Menschheit.[182] In der Abschlussdeklaration rief die Konferenz die Staaten der Welt dazu auf, das vorhandene Wissen über das Klima vollumfänglich zu nutzen, Schritte zu unternehmen, um den Wissensstand zum Klima deutlich zu erhöhen, und mögliche anthropogene[183] Klimaänderungen, die das Wohlergehen der Menschheit nachteilig beeinflussen würden, vorherzusehen und zu vermeiden. 1988 wurde der Weltklimarat IPCC gegründet. Auf dem Nachhaltigkeitsgipfel von Rio de Janeiro 1992, auch Erdgipfel genannt, hatte sich die Weltgemeinschaft in der Klimarahmenkonvention der Vereinten Nationen auf eine Begrenzung der Erderwärmung verständigt. Dort heißt es: „Das Ziel der Klimarahmenkonvention ist die Stabilisierung der Treibhausgaskonzentrationen auf einem Niveau, bei dem eine gefährliche vom Menschen verursachte Störung des Klimasystems verhindert wird."[184] In den Klimawissenschaften geht man davon aus, dass ein gefährlicher Klimawandel spätestens bei einer Erderwärmung von ca. zwei Grad gegenüber der vorindustriellen Zeit einsetzt, weil sich dann die Wahrscheinlichkeit für das Überschreiten von Kipppunkten und das Eintreten unumkehrbarer Ereignisse rapide erhöht. Darüber hinaus würden unabsehbare Folgen für die Ökosysteme auf Land und in den Meeren drohen, wie zum Beispiel eine übermäßige Versauerung der Ozeane infolge der marinen $CO_2$-Aufnahme mit möglicherweise verhängnisvollen Auswirkungen für die Welternährung.

Die Klimarahmenkonvention von Rio musste in ein Vertragswerk umgesetzt werden. Dazu gab es 1995 die erste Vertragsstaatenkonferenz (COP1[185]), die in Berlin stattfand. Damals bekleidete Bundeskanzlerin Angela Merkel das Amt der Bundesumweltministerin. Es folgten 20 weitere Konferenzen, jedes Jahr eine. Der $CO_2$-Gehalt der Luft erreichte währenddessen immer neue Rekordwerte. Für einen Wissenschaftler wie mich ist das ein nicht mehr hinnehmbarer, viel zu lange dauernder Prozess, der mich an den Rand des Wahnsinns treibt. Die 196 Vertragspartner, das sind die 195 Vertragsstaaten und die Europäische Union,[186] haben sich schließlich – fast ein Vierteljahrhundert nach der Klimarahmenkonvention von Rio – 2015 in Paris auf der nunmehr 21. Vertragsstaatenkonferenz (COP21)[187] darauf verständigt, die Erderwärmung auf deutlich unter zwei Grad gegenüber der vorindustriellen Zeit zu begrenzen. Außerdem wollen die Vertragspartner Anstrengungen unternehmen, die Erderwärmung auf 1,5 Grad zu begrenzen, um das Risiko für unangenehme Überraschungen zu minimieren. Der Pariser Klimavertrag wurde in Rekordgeschwindigkeit von genügend vielen Ländern ratifiziert und konnte damit schon ein knappes Jahr später im November 2016 in Kraft treten.

Wie aber das Ziel des Pariser Klimaabkommens erreicht werden soll, blieb weitgehend offen. Der Pariser Klimavertrag basiert auf Selbstverpflichtungen der Länder, und diese würden zu einer globalen Erwärmung von etwa drei Grad führen.[188]

Die Kluft zwischen den Emissionspfaden, die die im Pariser Klimaabkommen festgelegten Ziele mit hoher Wahrscheinlichkeit ermöglichen, d. h. die Erderwärmung auf 1,5 Grad oder zumindest deutlich unter zwei Grad zu begrenzen, und dem tatsächlichen politischen Handeln bezeichnet man als Ambitionslücke, und diese soll schnellstens geschlossen werden, wie im Pariser Klimaabkommen festgelegt. Im Moment allerdings kann ich nur Wortakrobatik erkennen. Es droht tatsächlich eine Heißzeit mit zum Teil unmenschlichen Temperaturen auf der Erde, sollten die Treibhausgasemissionen nicht schnell sinken.

Als Wissenschaftler bin ich fassungslos in Bezug auf die Trägheit der Weltpolitik, die man vielleicht besser als Ohnmacht bezeichnen sollte. Es sieht überhaupt nicht danach aus, dass die Staaten das Versprechen von Paris einhalten werden, zumal sich die Erde seit Beginn der vorindustriellen Zeit ohnehin schon um etwas mehr als ein Grad erwärmt hat. Wir rasen im Moment mit Vollgas in die Klimakatastrophe, im wahrsten Sinne des Wortes. An Wissen über den anthropogenen Klimawandel fehlt es wahrlich nicht, handeln tun Politik und Wirtschaft trotzdem viel zu zögerlich, wie die wenig erfolgreichen Klimakonferenzen oder Weltwirtschaftsgipfel zeigen. Außer Spesen nichts gewesen. Und trotzdem klopfen sich die Delegierten nach jeder Klimakonferenz auf die Schultern. Man sei ein gutes Stück weitergekommen. Dagegen steht, dass der weltweite $CO_2$-Ausstoß in den letzten Jahrzehnten förmlich explodiert ist. Er ist allein seit Beginn der 1990er Jahre um über 60 Prozent gestiegen.[189] Auch 2019 haben die Emissionen wieder einen neuen Höchststand erreicht.[190] Anspruch und Wirklichkeit könnten kaum weiter auseinanderliegen als in der internationalen Klimapolitik. Natürlich kann man immer dagegenhalten, dass es ohne die bisherigen Maßnahmen noch schlechter um das Klima stünde. Dies aber kann nur ein schwacher Trost sein. Die Politik und vor allem auch die Wirtschaft müssen viel schneller agieren. Mit Ankündigungen allein ist es nicht getan.

Die durch die Menschheit verursachte globale Erwärmung mit ihren schon heute vielfältigen und auch spürbaren Auswirkungen ist eine der größten Herausforderungen unserer Zeit. Vielleicht sogar die größte Herausforderung, vor der die Menschheit je gestanden hat. Denn das Klimaproblem ist ein globales Problem, von dem auf der einen Seite alle Länder betroffen sind und das auf der anderen Seite nur alle Länder gemeinsam lösen können. Damit stellt die Klimaproblematik die Weltpolitik vor eine Aufgabe, der sie sich bisher nicht gegenübersah. Trotz der vielen Klimakonferenzen ist nicht zu erkennen, dass die internationale Politik die Klimakrise wirklich in den Griff bekommt, obwohl die Zeit zum Handeln abläuft. Selbst nach einem Vierteljahrhundert Klimadiplomatie läuft die Menschheit in Sachen Klimaschutz immer noch in die falsche Richtung, ein nachhaltiger Abwärtstrend bei den Treibhausgasemissionen ist nicht erkennbar.

Was sind die Gründe für den Nahezu-Stillstand in der Klimapolitik? Im Prinzip trägt jeder Mensch eine Mitverantwortung für das Klima des Planeten. Dies gilt insbesondere für die Menschen in den Industrieländern, die vergleichsweise große Mengen Treibhausgase in die Luft emittieren. Nehmen wir als Beispiel die Zahlen aus dem Jahr 2018.[191] Die USA waren für ca. 15 Prozent der weltweiten $CO_2$-Emissionen verantwortlich, hatten aber nur einen Anteil von 4,4 Prozent an der Weltbevölkerung. Deutschland war für ungefähr zwei Prozent der $CO_2$-Emissionen verantwortlich, obwohl nur etwa ein Prozent aller Menschen in Deutschland lebten. In Indien auf der anderen Seite lebten fast 18 Prozent der Weltbevölkerung. Das Land verursachte aber nur sieben Prozent der weltweiten $CO_2$-Emissionen. China war mit einem Anteil von 28 Prozent der weitaus größte Verursacher von $CO_2$. Dort lebten aber nur knapp 19 Prozent der Weltbevölkerung. Diese Beispiele verdeutlichen den krassen Unterschied zwischen dem $CO_2$-Ausstoß eines Landes und dem Pro-Kopf-Ausstoß der Menschen, die in dem Land leben. In den USA liegt der Pro-Kopf-Ausstoß bei etwa 16 Tonnen $CO_2$ pro Jahr, in Deutschland bei etwas unter zehn Tonnen, und in

Indien sind es gerade mal zwei. Die Länder mit geringen Pro-Kopf-Emissionen stellen völlig zu Recht die Gerechtigkeitsfrage. Sie wollen sich in den kommenden Jahren und Jahrzehnten entwickeln und zu Wohlstand kommen. Aber wie soll dies geschehen? Indem sie den gleichen Weg wie die Industrieländer gehen, d. h. den fossilen Weg einschlagen, was die Erderwärmung weiter befördern würde? Nehmen wir Indien, das 2018 knapp drei Milliarden Tonnen $CO_2$ ausgestoßen hat. Diese Menge würde sich nahezu verfünffachen, wenn jeder Inder so viel $CO_2$ emittieren würde wie ein Deutscher. Damit wäre Indien noch vor China der weltweit größte Verursacher von $CO_2$. Die Industrieländer müssen eine für die Entwicklungs- und Schwellenländer befriedigende Antwort darauf finden, wie für Letztere eine nachhaltige Entwicklung aussehen kann. Klar ist, dass die Industrieländer auf jeden Fall einen großen finanziellen Beitrag leisten müssen.

Die Gerechtigkeitsfrage stellt sich auch noch aus einem anderen Grund. Der aktuelle Treibhausgasausstoß eines Landes sagt nichts über seine historische Verantwortung für die bisherige Erderwärmung aus. Dafür muss man die kumulierten Treibhausgasemissionen betrachten, d. h. die über die Jahrzehnte aufsummierten Emissionen. Denn Treibhausgase verweilen für lange Zeit in der Atmosphäre. So befindet sich beispielsweise das $CO_2$, das unsere Eltern und unsere Großeltern in die Atmosphäre emittiert haben, immer noch teilweise in der Luft und trägt weiterhin zur globalen Erwärmung bei. Die Industrieländer produzieren bekanntermaßen seit vielen Jahrzehnten Treibhausgase, während Länder wie China oder Indien damit erst sehr viel später begonnen haben. China beispielsweise hat „erst" 2005 die USA als Spitzenreiter beim $CO_2$-Ausstoß abgelöst, die jetzt auf Rang zwei liegen. Die Entwicklungsländer haben bisher kaum Treibhausgase ausgestoßen. Um es anders auszudrücken: Die Hauptverantwortung für die hohen Treibhauskonzentrationen in der Atmosphäre und damit für die schon messbare Erderwärmung liegt definitiv bei den Industrienationen. Alleine die USA und die EU-28[192] zeichnen zusammen für fast die Hälfte des bisherigen globalen Temperaturanstiegs verantwortlich.[193] Die Industrieländer haben sich ihren Wohlstand auf Kosten des Klimas erkauft und wollen jetzt kaum eine Eigenleistung für die Rettung des Klimas erbringen. Deutschland möchte ich hier ausdrücklich ausnehmen.

Die Industrieländer stehen also ganz besonders in der Pflicht, beim Klimaschutz voranzugehen. Sie tun es aber nicht, von einigen Ausnahmen abgesehen. Ganz im Gegenteil, viele Industrieländer versuchen mit allerlei Taschenspielertricks, sich aus ihrer Verantwortung zu stehlen und ihr Verhalten durch fragwürdige Projekte außerhalb ihrer Grenzen schönzurechnen. Die Verweigerungshaltung der allermeisten Industrieländer ist ein wichtiger Grund dafür, dass es bei den alljährlichen Klimakonferenzen nicht vorangeht. Es drohen in den kommenden Jahren vielleicht sogar Rückschritte beim internationalen Klimaschutz, weil einige Industrieländer, dem Beispiel der USA folgend, ebenfalls aus dem Pariser Klimaabkommen aussteigen könnten.

China ist in den letzten Jahrzehnten den gleichen Weg gegangen wie zuvor die Industrieländer und hat sich auf der Basis der fossilen Brennstoffe entwickelt, und dies innerhalb weniger Jahrzehnte. Das Reich der Mitte führt inzwischen mit großem Abstand die Rangliste der $CO_2$-Emittenten an. Dabei ist zu berücksichtigen, dass ein Land wie China und andere Schwellenländer nicht nur für den heimischen Markt, sondern auch für andere Länder, wie zum

Beispiel Deutschland, produzieren. Hier verläuft eine weitere Konfliktlinie zwischen den Industrieländern und den Entwicklungs- und Schwellenländern: Wie sollen die durch Auslagerung von Produktion verursachten sogenannten „grauen" Emissionen behandelt werden? Im Moment werden sie den Ländern zugeschlagen, in denen die Produktion stattfindet. Verantwortlich für die Emissionen sind aber eigentlich die Länder, die die Produkte nachfragen. Und schließlich, trotz seiner enormen Wirtschaftsleistung beharrt China nach wie vor darauf, bei den Klimaverhandlungen als ein Entwicklungsland behandelt zu werden, weswegen dem Land viele Privilegien zuteilwerden. Dies ist verständlicherweise vor allem den USA ein Dorn im Auge.

Und so blockieren sich die beiden größten $CO_2$-Emittenten gegenseitig, die zusammen über 40 Prozent der weltweiten $CO_2$-Emissionen auf sich vereinigen. Wiederum andere Länder wie Australien oder Saudi-Arabien haben nur ihre wirtschaftlichen Interessen im Sinn und wollen um jeden Preis ihr Erdöl bzw. ihre Kohle verkaufen. Es ist deswegen alles andere als überraschend, dass die beiden Länder ebenfalls zu den Blockierern auf den Klimaverhandlungen zählen. Aufgrund dieser Gemengelage erscheint es aus heutiger Sicht als nahezu aussichtslos, dass sich die Staaten auf den anstehenden Weltklimakonferenzen in den kommenden Jahren doch noch auf etwas Verbindliches zur Rettung des Weltklimas werden einigen können. Deswegen muss sich meiner Meinung nach eine Allianz der Willigen bilden, die vorangeht und nicht darauf wartet, dass sich alle Länder gemeinsam auf verbindliche und vor allem ambitionierte Klimaschutzziele einigen. Deutschland sollte die Allianz anführen.

In Deutschland fielen die Erfolge bei der Verringerung der Treibhausgasemissionen in der letzten Dekade eher bescheiden aus. Deutschland wird dennoch sein selbst gestecktes Klimaziel für 2020, den Ausstoß von Treibhausgasen um 40 Prozent gegenüber dem von 1990 zu senken, erreichen. Bis Ende 2019 waren 35,7 Prozent geschafft.[194] Der Zusammenbruch der Industrie in Ostdeutschland nach der Wiedervereinigung hat fast ausschließlich für die schnelle Verringerung der Emissionen im Zeitraum 1990 bis 1995 gesorgt.[195] Danach sank der Ausstoß weniger schnell. Nach 2010 sind die Emissionen fast stagniert, und es waren nur noch geringfügige Rückgänge zu verzeichnen. Überraschenderweise hatten sich 2019 die deutschen Treibhausgasemissionen um über 50 Millionen Tonnen verringert, ein Rückgang von rund sechs Prozent gegenüber 2018. Damit hatte kaum jemand gerechnet. Der überraschende Rückgang ließ das 2020-Ziel wieder in greifbare Nähe rücken. Infolge der Coronaviruskrise wird das Ziel wohl auf jeden Fall geschafft. Bei aller Kritik muss man Deutschland attestieren, dass es zu den Ländern zählt, die ernsthaft Klimaschutz betreiben. Überdies hat Deutschland die erneuerbaren Energien mithilfe des „Erneuerbare-Energien-Gesetz" (EEG) so billig gemacht, dass sie gegenüber den konventionellen Energien konkurrenzfähig geworden sind – zum Teil sind sie schon billiger – und heute überall auf der Welt zur Anwendung kommen. Insbesondere in China boomen sie. Dort belief sich 2018 die regenerative Kraftwerksleistung auf fast 40 Prozent der gesamten chinesischen Kraftwerksleistung.[196] Dies ist auch das Verdienst Deutschlands.

Ein Grund für den unerwarteten Rückgang der deutschen $CO_2$-Emissionen 2019 war der gestiegene $CO_2$-Preis im Rahmen des Europäischen Emissionshandels als Folge der Anfang 2018 vom Europäischen Parlament beschlossenen Verknappung der Emissionsrechte. Dümpelte der $CO_2$-Preis 2017 noch bei etwa fünf Euro pro Tonne $CO_2$, begann er 2018 zu steigen und lag 2019 konstant bei deutlich über 20 Euro. Dadurch wurde Kohle unrentabler und Erdgas attraktiver,[197] weil bei der Verbrennung von Erdgas deutlich weniger $CO_2$ entsteht als bei Kohle. Weitere Gründe für den geringen $CO_2$-Ausstoß waren die schwache Konjunktur wie auch die milde Witterung und der damit in Zusammenhang stehende vergleichsweise geringe Heizölverbrauch während des Winters 2018/2019. Allerdings ist der Zubau an Windkraft an Land fast zum Erliegen gekommen, der Netzausbau kommt nicht voran und der endgültige Atomausstieg steht 2022 bevor. Aus diesem Grund könnte die Kohle in den nächsten Jahren wieder einen größeren Anteil im Energiemix bekommen. Deutschland muss im Bereich der erneuerbaren Energien wieder deutlich mehr Fahrt aufnehmen, denn der Ausbau von Wind- und Solarstrom wird bei dem jetzigen Tempo mit dem Bedarf nicht mithalten können. Sonst droht Deutschland in eine Ökostromlücke zu geraten, die die langfristigen Klimaschutzziele gefährden würde.

Ich hatte lange Zeit nicht das Gefühl, dass die Große Koalition aus CDU/CSU und SPD dem Klimaschutz einen besonders hohen Stellenwert einräumen würde. Außer blumigen Worten und der Einsetzung des sogenannten Klimakabinetts[198] gab es wenig Erwähnenswertes. Der große öffentliche Druck zwang die Große Koalition dann jedoch, sich dem Thema Klimaschutz zügig anzunehmen. Die beschlossenen Klimaschutzmaßnahmen der Bundesregierung und das Klimaschutzgesetz,[199] die im Oktober 2019 vom Kabinett verabschiedet wurden, blieben allerdings weit hinter den Empfehlungen der Experten aus Natur- und Wirtschaftswissenschaften zurück. Aber es war ein erster Schritt gemacht, auf dem man aufbauen konnte. Der nachverhandelte Einstiegspreispreis von 25 Euro pro

Tonne ausgestoßenen $CO_2$ ab 2021 ist immer noch niedrig, der ursprüngliche Preis lag jedoch bei nur 10 Euro. Letzteren hatte ich in einem Fernsehinterview als Sterbehilfe für das Weltklima bezeichnet. Es wäre fatal, wenn Deutschland nach Corona wieder vom $CO_2$-Preis abrücken würde. Er wäre ein wichtiges Signal, dass der Ausstoß von Treibhausgasen zukünftig nicht mehr zum Nulltarif zu haben sein wird, und würde Anreize für Innovation setzen. Andere Länder sind bei der $CO_2$-Bepreisung schon viel weiter als Deutschland und feiern große Erfolge. In Schweden zum Beispiel gibt es seit 1991 eine $CO_2$-Steuer. Die Tonne $CO_2$ kostet hier inzwischen 115 Euro, der Preis lag zu Beginn bei gerade mal 24 Euro. Die Steuer wurde von der Bevölkerung akzeptiert, Ausschreitungen wie die Gelbwestenproteste in Frankreich gab es nicht. Mit den Einnahmen durch die $CO_2$-Steuer hat Schweden u. a. soziale Projekte finanziert. Außerdem wurden im Gegenzug andere Steuern abgeschafft. Der schwedischen Wirtschaft hat die $CO_2$-Steuer nicht geschadet, ganz im Gegenteil. Schweden zeigt, dass eine $CO_2$-Steuer und hohe Wachstumsraten kein Widerspruch sein müssen.

Für den internationalen Klimaschutz stehen die Zeichen trotzdem schlecht. Schweden, Deutschland und einige andere Länder sind Ausnahmen. Die USA haben sich unter Präsident Trump offiziell vom Klimaschutz losgesagt und tatsächlich, wie von ihm im Wahlkampf versprochen, das Pariser Klimaabkommen aufgekündigt. Zudem legen Entwicklungsländer, die bisher kaum $CO_2$ emittiert haben, jetzt nach und erhöhen ihre Treibhausgasmissionen. Deren $CO_2$-Ausstoß wächst mit einer beachtlichen Geschwindigkeit, so wie in Indien. Indiens $CO_2$-Emissionen liegen aber trotz seiner Bevölkerung von über einer Milliarde Menschen immer noch unter denen der EU-28. Dies wird sich wahrscheinlich in den kommenden Jahren ändern. Andererseits schaffen es viele Industrienationen nicht, trotz ihrer finanziellen Möglichkeiten und der enormen technologischen Fortschritte im Bereich der erneuerbaren Energien, ihren Ausstoß deutlich zu senken. In Australien beispielsweise sind die Emissionen sogar um ca. 30 Prozent gegenüber denen von 1990 angestiegen, obwohl das Land ein gigantisches Potenzial an Sonnen- und Windenergie besitzt. Ein internationaler Klimaschutz, der den Erfordernissen der Klimarahmenkonvention von Rio und dem Klimaabkommen von Paris gerecht wird, scheint in weiter Ferne. Trotzdem ist es nicht zu spät. Noch hat die Menschheit den Kampf gegen die Klimakatastrophe nicht verloren. Viel Zeit zum Handeln bleibt aber nicht mehr.

## *Klimakommunikation neu gestalten*

Damit stellt sich schließlich die Frage, wie eine geeignete Klimakommunikation aussehen könnte, die einerseits auf Fakten basiert und andererseits auch in dem Sinne zielführend ist, dass die Treibhausgasemissionen schnell sinken. Die Erderwärmung und ihre Auswirkungen zählen seit vielen Jahren zu den wichtigsten Themen, die von den Medien aufgegriffen werden. Unterm Strich sind die Medien ihrer Verantwortung durchaus gerecht geworden, obwohl meiner Meinung nach klimaskeptische Stimmen überproportional zu Wort gekommen sind, ohne dass es dafür einen wissenschaftlichen Grund gegeben hätte. In den Tagen vor dem UNO-Klimagipfel in New York, der am 23. September 2019 unter dem Namen „Climate Action Summit"[200] stattfand, widmete die internationale Medieninitiative „Covering Climate Now"[201] dem Klimawandel sogar noch einmal eine ganz besondere Aufmerksamkeit. Zu der Initiative hatte das Magazin *Columbia Journalism Review* von der Columbia School of Journalism an der University of New York gemeinsam mit dem US-Wochenmagazin *The Nation* aufgerufen. Weltweit waren über 250 Medienhäuser sowie zahlreiche Wissenschaftseinrichtungen, wie zum Beispiel die Technische Universität Berlin,[202] diesem Aufruf gefolgt und legten mit Blick auf den Gipfel in New York einen Schwerpunkt ihrer Berichterstattung oder Kommunikation auf das Klimaproblem. Die 25. Weltklimakonferenz in Madrid am Ende des Jahres wurde trotzdem zu einem Misserfolg und endete ohne konkrete Ergebnisse. Dies zeigt abermals, dass die Verbreitung von Informationen allein kaum etwas bewirkt.

Eine gesteigerte öffentliche Aufmerksamkeit führt also nicht notwendigerweise dazu, dass sich Verhaltensmuster grundlegend ändern, selbst dann nicht, wenn die Fakten offen auf dem Tisch liegen. Die internationale Klimapolitik ist hierfür vielleicht das prominenteste Beispiel. Ich erinnere mich noch sehr gut an das Jahr 2007. Damals gab es erstmalig so etwas wie einen Klimahype. Der Klimawandel war fast überall auf der Welt *das* Thema schlechthin. Was war geschehen? Der frühere US-Vizepräsident Al Gore berührte mit seinem oscarprämierten Dokumentarfilm *Eine unbequeme Wahrheit*[203] und dem gleichnamigen Buch Millionen von Menschen. Der Höhepunkt des Hypes war die Verleihung des Friedensnobelpreises an Al Gore und an den Weltklimarat IPCC, der die wissenschaftlichen Ergebnisse aus aller Welt über den Klimawandel jahrelang zusammengeführt und bewertet hatte. In der Begründung des Nobelkomitees hieß es: „Sie erhalten ihn für ihre Bemühungen zum Aufbau und der Verbreitung von mehr Wissen über den von Menschen verursachten Klimawandel und das Legen eines Fundamentes für Maßnahmen, die als Gegengewicht gegen diese Änderungen notwendig sind."[204] Doch der Hype verpuffte so schnell wie er gekommen war. Die Welt glitt zunächst in eine Finanz- und dann in eine Wirtschaftskrise, und der Klimagipfel von Kopenhagen im Jahr 2009 scheiterte grandios. Von der Konferenz sollte das Signal zur Trendumkehr ausgehen. Es blieb aus und die weltweiten Treibhausgasemissionen stiegen weiter. Die Gefahr des Vergessens der Klimaproblematik besteht auch nach überstandener Coronaviruskrise, die völlig zu Recht das Thema Klimakrise für einige Zeit in den Hintergrund gerückt hatte.

Lange Zeit hatte ich das Gefühl, dass viele Medien die internationalen Klimaverhandlungen mehr oder weniger unkritisch begleiteten und den Sprachgebrauch der Politik einfach übernahmen. Irgendwie kamen mir die Berichte über die Klimaverhandlungen wie eine Art Hofberichterstattung vor. Wie oft war nach den alljährlichen Weltklimakonferenzen von Einigungen in letzter Sekunde oder von Durchbrüchen zu lesen, obwohl es Erfolge nach dem Anlegen objektiver Kriterien nicht gegeben hatte. Wie kann man denn immer wieder von Durchbrüchen sprechen, wenn die Treibhausgasemissionen Jahr für Jahr neue Rekorde erreichen? Für mich war dies einfach nur Schönfärberei. Vielleicht verstehe ich auch nichts von Journalismus. Viele Menschen glaubten aufgrund der Medienberichte fälschlicherweise, dass die Politik das Klimaproblem im Griff hätte, insbesondere nach der Weltklimakonferenz 2015 in Paris. Wie von mir nicht anders erwartet, stieg der weltweite Ausstoß von Treibhausen trotzdem weiter, weil das Pariser Klimaabkommen auf Freiwilligkeit setzt.

Es scheint sich aber etwas in der Wahrnehmung der Medien zu verändern. Immer mehr Journalisten sehen, dass es tatsächlich keine Fortschritte auf den Weltklimakonferenzen gibt und dass man sich im Kreis dreht. Viele Medienvertreter fühlen sich inzwischen von der Politik verschaukelt, werden kritischer und ändern ihr Verhalten gegenüber der Politik, indem sie zum Beispiel die Regierenden mit den Zahlen konfrontieren. Besonders deutlich wurde für mich der mediale Schwenk 2019 im Zuge der Berichterstattung über das Klimapaket der Bundesregierung, das von den allermeisten Fachleuten als wenig ambitioniert oder auch als Nullnummer bezeichnet wurde, und nach der Weltklimakonferenz in Madrid, die in keinem Punkt Fortschritte gebracht hatte und praktisch in allen Medien als gescheitert dargestellt wurde.

Die Dringlichkeit des Handelns ist in den Köpfen vieler Regierender noch immer nicht angekommen. Aber warum ist dies so? Warum gelingt es trotz der sich rasant ändernden klimatischen Verhältnisse, der zunehmenden Klimaschäden, des großen wissenschaftlichen Konsenses darüber, dass der Mensch die Hauptursache der Erderwärmung ist, und trotz der ausgiebigen Medienberichterstattung über die Klimakrise nicht, umfassende Klimaschutzmaßnahmen umzusetzen? Und warum leugnen immer noch so viele Menschen die wissenschaftlichen Fakten oder setzen zumindest ein großes Fragezeichen hinter die Ergebnisse aus der Klimaforschung? Wie oft bekomme ich direkt ins Gesicht gesagt, dass man den Heerscharen von Forschern nicht glaube, weil die Menschheit gar nicht imstande sei, das Klima zu verändern. Was ist los mit den Menschen? Die Psychologie versucht Antworten auf diese Fragen zu finden. Mögliche Erklärungen liefert George Marshall in seinem Buch *Denken Sie nicht einmal daran. Warum unser Gehirn darauf programmiert ist, den Klimawandel zu ignorieren.*[205] Im Gegensatz zu den meisten Büchern über das Thema Klimawandel, die versuchen, Menschen mithilfe der Wissenschaft zu überzeugen, untersucht Marshall, warum es die Wissenschaft nicht vermag, die Menschen zu überzeugen.

Eine seiner Thesen lautet: Das Gehirn des Menschen scheint so übermächtige Herausforderungen wie den Klimawandel und Dinge, die allzu schlimm, schmerzhaft oder quälend sind, zu ignorieren, komplett auszublenden oder zumindest eine Zeit lang zu verdrängen.[206] Es würde sich um eine Art Selbstschutz des Gehirns handeln, damit man, so drücke ich es aus, wegen der Dimension des Problems nicht verrückt wird. Die Verdrängungsmechanismen können, so Marshall, zu völlig irrationalem Verhalten führen. So genießen normalerweise Wissenschaftler und insbesondere Professoren ein sehr hohes Ansehen in der Gesellschaft. Sobald sie aber aus der Klimaforschung kommen, scheint man ihnen allerlei Fehlverhalten bis hin zu Betrügereien zuzutrauen. Wenn dies so ist, müssen neue Arten der Klimakommunikation gefunden werden, und genau diese fordert Marshall in seinem Buch. Aber wie können diese Strategien aussehen? Zwei Dinge scheinen mir wichtig zu sein.

Erstens: Man muss positive Geschichten erzählen. Die gibt es zuhauf, sie werden aber kaum kommuniziert. Im Vordergrund der Diskussionen stehen meistens Verzichtsdebatten. Klimaschutz ist aber alles andere als mit Verzicht verbunden, er beinhaltet einen Gewinn an Lebensqualität und lässt uns die Zukunft nicht aus den Händen gleiten. Klimaschutz kann der Motor für Innovationen sein und fördert zugleich die Gerechtigkeit auf der Welt. Warum reden wir so wenig darüber, dass die erneuerbaren Energien saubere Energien sind, die die Umwelt nicht verpesten, deswegen auch keine negativen Auswirkungen auf die Gesundheit haben und außerdem nichts kosten? Weil wir gefangen sind in den althergebrachten fossilen Denkmustern. Wir können uns gar nicht mehr vorstellen, dass es eine Welt ganz ohne fossile Brennstoffe geben kann, obwohl wir für Kohle, Öl oder Gas viel Geld bezahlen müssen und uns über hohe Benzin- und Heizölpreise ärgern. Wir können uns keine Welt vorstellen, in der es keine zentralistische, sondern eine dezentrale Energieversorgung gibt, die standortangepasst ist und nur auf regenerativen Energien basiert. Auch eine Mobilität ohne Verbrennungsmotor ist für viele Menschen immer noch unvorstellbar.

Wir müssen das Undenkbare denken und Techniken entwickeln, die heute für viele utopisch klingen mögen. Zum Beispiel Fassaden als Kraftwerke, d. h. Hausanstriche, die Sonnenenergie nutzen, um Strom zu erzeugen.[207] Oder die Nutzung der Luftfeuchtigkeit, um Strom zu erzeugen,[208] was überall auf der Welt möglich wäre, egal wo man ist, selbst zu Hause oder in der Wüste. An solchen Lösungen wird geforscht, und die Menschheit muss es so schnell wie möglich schaffen, dass aus den Ideen und Pilotprojekten endlich marktreife Lösungen werden, die die Welt erobern. Länder, die solche Techniken erfolgreich entwickeln, werden in der Zukunft auch in ökonomischer Hinsicht die Nase vorn haben. Kurzum, wir müssen durch die Art der Klimakommunikation eine Aufbruchstimmung in allen Teilen der Gesellschaft erzeugen, in der Politik, in der Wirtschaft und in der Bevölkerung. Nach dem Motto: „Yes, we can." Mit diesem Slogan hatte Barack Obama die Massen begeistert und die amerikanische Präsidentschaftswahl 2008 gewonnen. Verzichtsdebatten helfen nicht weiter und werden uns in der Schockstarre verharren lassen, in der sich die Menschheit befindet. Wir müssen nach vorne blicken, ein positives Bild für die Zukunft entwerfen, es den Menschen erklären und sie an den Projekten teilhaben lassen.

Warum wird eigentlich immer über die Kosten gesprochen, wenn es um Klimaschutz geht? Jeder Einzelne kann kurzfristig sehr viel Geld durch seinen ganz persönlichen Klimaschutz sparen, was aber kaum jemand weiß. Fährt man beispielsweise ein Auto, das nur einen Liter Benzin auf 100 Kilometer weniger verbraucht, würde man bei einer Fahrleistung von 20 000 Kilometern und einem Benzinpreis von 1,50 Euro jährlich 300 Euro sparen. Netto, denn von dem Geld müssten ja keine Steuern oder Sozialabgaben entrichtet werden. Ich betrachte diese nicht unerhebliche Summe als geschenktes Geld, gerade auch vor dem Hintergrund, dass PS-starke und schwere Wagen in Deutschland Konjunktur haben und boomen wie nie zuvor. Weniger Bleifuß und vorausschauendes Fahren würden den Spritverbrauch zusätzlich senken können und die Ersparnis noch vergrößern helfen. Mir ist es völlig unverständlich, warum solche Vorteile nicht stärker in der Debatte über den Klimaschutz herausgestellt werden, zum Beispiel vom ADAC, der sich doch als Anwalt der Autofahrer sieht, oder auch von den Medien. Klimaschutz kann richtig Spaß machen, was man den Menschen auch vermitteln müsste.

Zweitens: Es reicht nicht aus, wissenschaftliche Fakten zu kommunizieren. Dadurch wird die Dringlichkeit des Handelns für die allermeisten Menschen nicht erkennbar. Wir müssen die Menschen in ihrer ganz persönlichen Lebenswelt abholen. Ihnen klarmachen, was die globale Erwärmung für sie selbst bedeutet. So besitzt die Erderwärmung unbestritten einen großen Einfluss auf die Gesundheit. Die normale Körpertemperatur liegt bei 37 Grad. Es gibt in Deutschland während der letzten Jahrzehnte einen deutlichen Anstieg der sogenannten heißen Tage, wir erreichen in den Sommermonaten immer häufiger Temperaturen von 30 Grad und mehr. Die Zahl der heißen Tage in Deutschland hat sich seit der Mitte des 20. Jahrhunderts in etwa verdoppelt. Und dieser Aufwärtstrend wird ohne Zweifel anhalten. Temperaturen von deutlich über 30 Grad sind eine enorme Belastungsprobe für den Organismus. Es kommt nicht von ungefähr, dass besonders viele Menschen gerade während sommerlicher Hitzewellen sterben. Die steigenden Temperaturen treffen nicht nur, aber insbesondere die Verletzlichsten in unserer Gesellschaft: ältere und behinderte Menschen, Menschen mit Vorerkrankungen, Kinder und Schwangere. Außerdem können bei höheren Temperaturen Krankheiten auftreten, die in unseren Breiten eigentlich nicht vorkommen, weil sich die Krankheitsüberträger aus den Tropen nach Norden ausbreiten können. In Europa beispielsweise haben sich Zecken, die Lyme-Borreliose übertragen und früher größtenteils im Süden zu finden waren, schon bis nach Schweden ausgebreitet.

Und dann wäre da auch noch die Luftverschmutzung. Viele Städte leiden unter erhöhten Stickoxid- und Feinstaubkonzentrationen. Inzwischen sterben weltweit mehr Menschen durch die schlechte Luftqualität als durch Rauchen. Aber was haben Luftqualität und Klimawandel miteinander zu tun? Sie haben größtenteils dieselbe Ursache, nämlich die Verbrennung der fossilen Brennstoffe. Besonders deutlich wird dieser Zusammenhang in China. In den dortigen Ballungsgebieten leiden die Menschen unter extremem Smog. Hauptursache für die dicke Luft in China ist die Verfeuerung von schmutziger Kohle. Dabei gelangen neben $CO_2$ auch große Mengen Schwefel in die Luft. Eine Energiewende in die Richtung der erneuerbaren Energien würde deswegen zwei Fliegen mit einer Klappe schlagen: Es würden weniger Treibhausgase und weniger Luftschadstoffe freigesetzt. Gegen eine saubere Luft kann eigentlich niemand etwas haben. Der Zusammenhang von Klimaschutz und Luftqualität ist allerdings kaum in der Bevölkerung bekannt. Eine gute Klimakommunikation würde auf solche Zusammenhänge hinweisen, die man in der Wissenschaft als „Co-Benefits" bezeichnet. Ein weiteres Beispiel: Ein geringerer Fleischkonsum, Fahrradfahren oder Zufußgehen anstatt das Auto zu nehmen, sofern dies möglich sein sollte, hilft nicht nur der Umwelt, sondern wäre auch der Gesundheit dienlich.

Viele Menschen in Deutschland sind sich nicht darüber im Klaren, dass sie jetzt schon unmittelbar von der Klimakrise betroffen sind. Es ist doch völlig klar: Verbraucher und Steuerzahler müssen am Ende für die Klimaschäden aufkommen. Wer denn sonst? Wer zahlt die Entschädigungen für die Landwirte? Wer zahlt sie für die Forstwirte? Wer zahlt für die Erhöhung der Deiche an Nord- und Ostsee, die notwendig geworden ist, weil die Meeresspiegel auch an unseren Küsten ansteigen? Die Gemeinschaft und damit wir alle begleichen die Rechnung, die uns der Klimawandel stellt. Die Folgen der Erderwärmung kosten Deutschland bereits Milliarden, und dieses Geld fehlt an anderer Stelle, etwa für die Finanzierung einer auskömmlichen Rente oder in Schulen. Dieser Sachverhalt ist vielen Bürgerinnen und Bürgern überhaupt nicht bewusst und sollte in der Klimakommunikation nicht vergessen werden, wenn es um die Notwendigkeit von Klimaschutzmaßnahmen geht.

Bei allen Defiziten, vielleicht trägt die bisher geleistete Klimakommunikation aber auch schon Früchte. Die Klimakrise ist inzwischen eines der wichtigsten Themen für die Menschen in vielen Ländern rund um den Globus. Die junge Generation hat die potenzielle Gefahr des schnell voranschreitenden Klimawandels begriffen, vor der die Wissenschaft schon lange warnt, und sich in Form der „Fridays for Future"-Bewegung[209] organisiert. Tausende von Schülerinnen und Schülern nehmen sich nach dem Vorbild der Schwedin Greta Thunberg die Freiheit, die Schule zu schwänzen und Freitag für Freitag auf die Straße zu gehen, um für einen Klimaschutz zu demonstrieren, der den Namen auch verdient. Sie lassen sich nicht mehr von der Politik mit Worthülsen abspeisen und wollen endlich Taten sehen. Unterstützung bekommen die Kinder von der Bewegung „Scientists for Future".[210] Dabei handelt es sich um zigtausende deutsche, österreichische und Schweizer Wissenschaftlerinnen und Wissenschaftler, die die Forderung der jungen Menschen nach mehr Klima- und Umweltschutz als berechtigt und gut begründet erachten. Die „Scientists for Future"-Bewegung entwickelt auch eigene Projekte, um den Klimaschutz stärker in der Gesellschaft zu verankern. Weitere Unterstützung für mehr Klimaschutz kommt von anderen Berufsgruppen. So haben sich Tausende von Psychologen und Psychotherapeuten aus vielen Ländern in der Bewegung „Psychologists for Future" ebenfalls hinter die Forderungen der „Fridays for Future"-Bewegung gestellt.[211] Auf ihrer Internetseite heißt es u. a.: „Eine weiterhin so schnelle Erderwärmung gefährdet unsere natürlichen Lebensgrundlagen sowie unsere körperliche und psychische Unversehrtheit. Sie ist eine existenzielle Bedrohung."

Gesundheit für die Menschen kann es nur auf einem gesunden Planeten geben, hebt die „Health for Future"-Bewegung hervor, ein Aktionsforum für die Angehörigen des Gesundheitssektors, die sich gemeinsam für ein intaktes Klima und für intakte Ökosysteme einsetzen.[212] Die Zivilgesellschaft formiert sich und fordert lautstark tiefgreifende Klimaschutzmaßnahmen ein. Dies ist erfreulich und ein wichtiges Signal an Politik und Wirtschaft. Vielleicht wandelt sich gerade etwas zum Besseren. Mehr und mehr Menschen wachen auf und betrachten die Klimakrise als das, was sie ist, nämlich als eine existenzielle Bedrohung für die Menschheit. Aber auch als eine Chance für die Zukunft, wenn man das Problem couragiert angeht. Wohlfeile Worte, um dann zur Tagesordnung überzugehen, reichen nicht mehr aus, um die Menschen zu besänftigen. Die Bürgerinnen und Bürger wollen, dass gehandelt wird, und dies so schnell wie möglich. Der öffentliche Druck auf die Politik nimmt zu, nicht nur aus der Zivilgesellschaft, sondern selbst aus Teilen der Wirtschaft.

Die Menschheit hat sich bisher in einer Art Tiefschlaf befunden und die Bedrohungen durch die fortschreitende Erderwärmung kaum wahrgenommen. Dies war auch in

Deutschland so. Es könnte sich jetzt etwas grundlegend geändert haben, nicht zuletzt wegen der zunehmenden heißen Temperaturen, die viele Deutsche wachgerüttelt zu haben scheinen. Die Wahl zum Europaparlament im Mai 2019 hat sicherlich dazu beigetragen, dass sich die Sicht vieler Politiker auf die Dringlichkeit von Klimaschutzmaßnahmen fundamental geändert hat. Für die deutschen Wähler war der Klimawandel das wichtigste Thema, und entsprechend war die Partei Die Grünen als haushoher Sieger aus dem Urnengang hervorgegangen, die Partei, die sich als einzige seit vielen Jahren vehement für mehr Klimaschutz ausgesprochen hatte. Insbesondere die junge Generation hatte, motiviert durch die Schülerdemonstrationen, zu dem Wahlerfolg der Grünen beigetragen. Ein Drittel der Wähler unter 30 Jahren hatten sie gewählt. Ein weiterer, aber schwer einzuschätzender Faktor für den unerwarteten Ausgang der Europawahl könnte das millionenfach angeklickte Video des YouTubers Rezo gewesen sein. Der hatte kurz vor der Europawahl in einer Art Rückblick insbesondere den Parteien der Großen Koalition, CDU und SPD, langjähriges Versagen in wichtigen Politikfeldern vorgeworfen, vor allem auch im Bereich Klimaschutz.[213] Auch wenn die Coronaviruskrise die Klimakrise momentan aus den Schlagzeilen verdrängt hat, bin ich fest davon überzeugt, dass der öffentliche Ruf nach mehr Klimaschutz nach überstandener Pandemie wieder lauter werden wird.

## Vom Wissen zum Handeln

Wir müssen endlich vom Wissen zum Handeln kommen. Ein kleines Zeitfenster bleibt der Menschheit noch, um das Ruder herumzureißen und eine Klimakatastrophe zu vermeiden. Die wäre in vielerlei Hinsicht nicht mehr beherrschbar. Wir sind dabei, die planetaren Grenzen auszuloten, und sollten dafür Sorge tragen, dass wir sie nicht überschreiten. Das Vorsorgeprinzip muss immer Vorrang haben. Wenn die Wissenschaft nicht genau sagen kann, bei welchen Erwärmungen kritische Prozesse oder Kaskadeneffekte einsetzen werden, dann sollte die Menschheit dies nicht herausfinden wollen. Es scheint aber ziemlich sicher zu sein, dass die Grenzen in nicht allzu ferner Zukunft liegen, wenn die Menschheit so weitermacht wie bisher.

Einige Regionen der Erde würden nicht mehr bewohnbar sein, wenn die Menschheit einen ungebremsten Klimawandel zuließe. Die Temperaturen wären schlicht zu hoch. Der Anstieg der Meeresspiegel ließe viele Küstenregionen und ganze Inseln im Meer versinken. Die Weltwirtschaft würde dramatische Einbußen hinnehmen müssen. Die Welternährungssituation würde sich extrem verschlechtern wie auch die Sicherheitslage auf der Erde. Die historische Verantwortung für den Klimawandel liegt bei den Industrieländern. Kurzfristiges Denken und ungezügeltes Gewinnstreben sind nur zwei Ursachen dafür, dass die Industrieländer ihrer Verantwortung nicht gerecht werden. Die Lösungen wären vorhanden, zum Beispiel in Form der erneuerbaren Energien und einer Kreislaufwirtschaft. Es hapert aber an deren Umsetzung. Der um sich greifende Populismus und eine allzu zögerliche Politik erschweren die Einführung innovativer Technologien. So wie in den USA, wo der amerikanische Präsident Donald Trump angetreten ist, die Kohle zu retten, den Klimakiller Nummer eins. Außerdem ist es schwierig, die Bedrohung durch den Klimawandel deutlich zu machen. Das Problem ist zu abstrakt, die Bedrohung nicht offensichtlich, um als Schicksalsfrage für die Menschheit wahrgenommen zu werden. Treibhausgase wie $CO_2$ kann man nicht sehen. Steigt ihr Gehalt in der Luft an, färbt sich der Himmel eben nicht bräunlich. Wäre dies der Fall, hätten die Menschen wahrscheinlich schon längst gehandelt. Wer möchte schon unter einem dreckigen Himmel leben?

Die Menschen handeln anscheinend nur dann, wenn sie unmittelbar betroffen sind. So wie es in Deutschland der Fall war angesichts des Smogs in den 1960er, 1970er und 1980er Jahren. Der Smog hatte in Ballungsgebieten, wie im Ruhrgebiet, lebende Menschen krank gemacht oder sie gar das Leben gekostet. Die Politik reagierte auf den Smog mit der schrittweisen Einführung der Rauchgasentschwefelung bei Kohlekraftwerken und des Katalysators bei Autos. So wurde giftiger Schwefel daran gehindert, von den Kohlekraftwerken in die Atmosphäre zu gelangen und sich mit den Regentropfen zu Schwefelsäure zu vermischen. Der Katalysator behinderte den Ausstoß von Kohlenmonoxid, krebserregenden und ozonbildenden Kohlenwasserstoffen sowie von Stickoxiden. Die Luft wurde allmählich sauberer, und die Menschen konnten im wahrsten Sinne des Wortes aufatmen. Der saure Regen, der auch den Wäldern zugesetzt hatte, verschwand nach und nach. Als Randnotiz sei bemerkt, dass die Maßnahmen zur Luftreinhaltung auf erbitterten Widerstand der deutschen Automobilindustrie trafen. Die Einführung des Katalysators würde sie ruinieren. „Wie hätte es auch anders sein können", ist man geneigt zu sagen. Die deutsche Automobilindustrie war davor auch schon gegen die Einführung der allgemeinen Gurtpflicht für Autofahrer gewesen. Aber die Politik hat sich am Ende gegen die wirtschaftlichen Interessen der Industrie durchgesetzt, was ich als positives Zeichen werten möchte.

Ein Beispiel für, wenngleich sehr spätes, Handeln der Politik auf der internationalen Ebene ist das Montrealer Protokoll[214] zum Schutz der Ozonschicht vom September 1987. Erst im Mai 1985 hatte die Weltöffentlichkeit von der Existenz des Ozonlochs über der Antarktis erfahren, als britische Wissenschaftler in der Fachzeitschrift *Nature* Messungen veröffentlichen, die sie vor Ort gemacht hatten.[215] Die Wissenschaft hatte schon seit Jahren darauf hingewiesen, dass bestimmte Substanzen, die Fluorchlorkohlenwasserstoffe (FCKW), die stratosphärische Ozonschicht in 15 bis 30 Kilometer Höhe schädigen können. Allerdings war vor der Entdeckung des Ozonlochs die vorherrschende Meinung in der Forschung die, dass Ozonverluste für mindestens ein Jahrzehnt klein bleiben würden, wahrscheinlich sogar für ein Jahrhundert. Die Studie über das Ozonloch schlug ein wie eine Bombe. Sie war ein Schock, nicht nur in der Politik, sondern auch in der Wissenschaft. Kein Forscher hatte das Ozonloch über dem Südpol vorhergesehen, obwohl die ozonschädigende Wirkung der FCKW ja schon länger bekannt gewesen war. Und selbst die Daten eines Satelliten der NASA, der die Ozonschicht vom Weltraum aus kontinuierlich im Blick gehabt hatte, waren unauffällig. Wie konnte das angehen? Das Instrument auf dem Satelliten hatte jahrelang einwandfrei funktioniert. Der Grund war so einfach wie erschütternd: Die Auswertesoftware für die Ozonmessungen hatte die extrem niedrigen Ozonwerte als fehlerhaft gekennzeichnet und die Messwerte, ohne dass sie von den Wissenschaftlern gesehen wurden, in den Datenabfalleimer verschoben. Niemand konnte sich vor der Entdeckung des Ozonlochs so niedrige Ozonwerte in der Stratosphäre vorstellen. Es musste sich um Messfehler handeln. Erst nach der Veröffentlichung der bodengebundenen Messungen in der Antarktis erkannte die NASA den verhängnisvollen Umstand und analysierte die Originaldaten des Satelliten, die die Existenz des Ozonlochs bestätigten.

Die Bewohnbarkeit des Planeten stand damals auf dem Spiel, denn die stratosphärische Ozonschicht filtert die lebensfeindliche ultraviolette Strahlung, weswegen sie nur in geringen Dosen an der Erdoberfläche ankommt. Durch die weltweite Umsetzung des Montrealer Protokolls und seiner Nachfolgeabkommen werden die ozonschichtzerstörenden FCKW so gut wie nicht mehr verwendet, weder in der Industrie noch in privaten Haushalten. So sind heutzutage FCKW-freie Kühlschränke überall auf der Welt der Standard. Die atmosphärischen FCKW-Konzentrationen gehen langsam zurück und die Größe des Ozonlochs verringert sich ganz allmählich. Gleichwohl existiert das Ozonloch immer noch, und es wird Jahrzehnte dauern, bis es sich wieder ganz geschlossen haben wird. Die Geschichte rund um das Ozonloch verdeutlicht, dass die Politik Warnungen der Wissenschaftler vor Umweltrisiken nicht einfach beiseiteschieben sollte. Das Abwarten kann böse enden. Es können stets unerwartete Dinge auftreten, an die selbst die Experten nicht gedacht hatten. Dies gilt es bei den Diskussionen über den Umgang der Weltgemeinschaft mit der Erderwärmung zu berücksichtigen. Auch wenn es Lücken im Detailverständnis von Klimaprozessen gibt, die auf dem Tisch liegenden Fakten reichen bei Weitem aus, um schnelles und durchgreifendes Handeln von der Politik, der Wirtschaft und allen anderen gesellschaftlichen Gruppen einzufordern.

Leider ist das Thema Klimawandel in einigen Ländern ideologisiert. Insbesondere ist dies in den USA zu beobachten. Dort ist die Klimakrise zwischen die Mühlsteine der beiden großen politischen Parteien, den Republikanern und den Demokraten, geraten. Der Klimawandel spaltet die amerikanische Gesellschaft und droht zum Spielball von Machtinteressen zu werden. Im deutschen Bundestag und in allen deutschen Landesparlamenten sitzt inzwischen eine Partei in Fraktionsstärke, die AfD, die keinen außergewöhnlichen Temperaturanstieg erkennen kann und den menschlichen Einfluss auf das Klima kleinredet. Physik kennt kein Parteibuch. Physik ist unbestechlich. Mit Physik kann man auch nicht verhandeln oder Kompromisse schließen. Je mehr Treibhausgase sich in der Luft ansammeln, umso höher werden die Temperaturen auf dem Planeten steigen. So ist es eben, ob man nun die Aussicht mag oder nicht.

Eigentlich ist es schon fünf nach zwölf, die Auswirkungen der Erderwärmung treffen bereits viele Menschen in ihrem alltäglichen Leben. Die Welt muss sich endlich zusammenraufen. Angst vor Veränderungen ist fehl am Platz. Technologiewandel kann innerhalb weniger Jahrzehnte erfolgen. Der endgültige Ausstieg Deutschlands aus der Atomkraft wird 2022 vollzogen sein, nur ein gutes Jahrzehnt nach der Reaktorkatastrophe von Fukushima 2011. Der Anteil der erneuerbaren Energien an der Netto-Stromproduktion hat 2019 schon deutlich über 40 Prozent betragen. Vor 20 Jahren wäre dies noch als Utopie bezeichnet worden. Große Solarkraftwerke produzieren in Deutschland Solarstrom für weniger als 5 Cent pro Kilowattstunde. Damit liegen die Entstehungskosten unter denen für konventionelle Energie. Es gibt keine Grenzen für die Innovationskraft der Menschheit. Alles ist möglich. Die Menschheit muss es nur wollen.

Zum Schluss möchte ich den ehemaligen amerikanischen Präsidenten Barack Obama zitieren: „Wenn wir die Luft, die unsere Kinder atmen werden, und das Essen, das sie zu sich nehmen werden, und wenn wir die Träume all unserer Nachkommen über unsere kurzfristigen Interessen stellen – ja, dann ist es vielleicht noch nicht zu spät."[216]

# Zehn-Punkte-Plan zum Klimaschutz

*1. Allianz der Willigen*
Die Verhandlungen unter dem Dach der Vereinten Nationen führen nicht zum Erfolg. Die Länder, die sich ernsthaft dem Klimaschutz verpflichtet fühlen, sollten vorangehen. Deutschland sollte die Allianz der Willigen anführen.

*2. Fairer Ausgleich zwischen den Industrie- und Entwicklungsländern*
Die historische Verantwortung liegt bei den Industrieländern. Sie müssen ihre Emissionen schnell senken und die nachhaltige Entwicklung der Entwicklungsländer fördern, finanziell und durch Technologietransfer. Dies würde zudem die Demokratisierung fördern.

*3. Abbau klimaschädlicher Subventionen und $CO_2$-Bepreisung*
Klimaschädliche Subventionen gehören abgebaut. Eine angemessene $CO_2$-Bepreisung ist nötig. Die Einnahmen sollten für den sozialen Ausgleich und den Strukturwandel verwendet werden.

*4. Massiver Ausbau der erneuerbaren Energien*
Alle Strategien zur Klimaneutralität erfordern einen schnellen und massiven Ausbau der erneuerbaren Energien. Mehr Dezentralität in der Energieversorgung ist unerlässlich.

5. *Geldströme in nachhaltige Investments lenken*
Finanzströme müssen umgelenkt werden und die Politik muss die entsprechenden Rahmenbedingungen schaffen. Gesetzliche Regelungen dürfen nicht tabu sein.

6. *Industrielle Nutzung von $CO_2$ aus der Luft*
Die Menschheit wird es realistischerweise nicht schaffen, ab 2050 ohne fossile Energieträger auszukommen. Es wird der Luft überschüssiges $CO_2$ entzogen werden müssen. Aufforstung allein wird nicht reichen. Verfahren müssen entwickelt werden, die $CO_2$ aus der Luft nutzen.

7. *Kreislaufwirtschaft*
Wir leben in einer Überfluss- und Wegwerfgesellschaft. Die Menschheit muss den Weg in eine Kreislaufwirtschaft finden, Ressourcen effizienter nutzen und so wenig Abfall wie möglich produzieren.

8. *Beteiligung der Bevölkerung am Strukturwandel*
Eine breite gesellschaftliche Akzeptanz für Klimaschutz ist notwendig. Die Bevölkerung sollte am Strukturwandel beteiligt sein und von ihm profitieren, auch finanziell.

9. *Zielführende Klimakommunikation*
Verzichtsdebatten sind kontraproduktiv. Wir müssen Vorteile kommunizieren und Erfolgsgeschichten erzählen, nach dem Motto „Klimaschutz ist cool und bringt Spaß", um so eine Aufbruchstimmung zu erzeugen.

*10. Druck aus der Zivilgesellschaft*
Die Zivilgesellschaft muss Klimaschutz offensiv einfordern. Postfaktische Tendenzen müssen überwunden werden. Die Möglichkeit dazu gibt es an der Wahlurne. Populisten interessieren sich nicht für die Umwelt und würden zudem, wenn sie an die Macht kämen, Demokratie, Freiheit und Menschenrechte über Bord werfen.

# Anmerkungen

[1] https://public.wmo.int/en/media/press-release/2019-concludes-decade-of-exceptional-global-heat-and-high-impact-weather

[2] https://academic.oup.com/bioscience/advance-article/doi/10.1093/biosci/biz088/5610806

[3] https://www.rowohlt.de/hardcover/jonathan-franzen-wann-hoeren-wir-auf-uns-etwas-vorzumachen.html

[4] https://gfds.de/wort-des-jahres-2018/

[5] Mit „Sie" ist die Gesellschaft für deutsche Sprache gemeint.

[6] https://www.ipcc.ch/

[7] https://www.ipcc.ch/site/assets/uploads/2018/03/ipcc_far_wg_I_full_report.pdf. Mit globaler Erwärmung ist hier und im Folgenden die Erwärmung an der Erdoberfläche gemeint.

[8] https://www.ipcc.ch/site/assets/uploads/2019/03/SR1.5-SPM_de_barrierefrei-2.pdf

[9] https://www.spiegel.de/spiegel/print/d-13519133.html

[10] DEUTSCHE PHYSIKALISCHE GESELLSCHAFT E. V. Arbeitskreis Energie. WARNUNG VOR EINER DROHENDEN KLIMAKATASTROPHE, 1985

[11] https://www.goodreads.com/quotes/100469-we-are-now-faced-with-the-fact-that-tomorrow-is

[12] https://www.washingtonexaminer.com/obama-on-climate-there-is-such-a-thing-as-being-too-late

[13] https://www.bmu.de/themen/klima-energie/klimaschutz/internationale-klimapolitik/pariser-abkommen/#c8535

[14] https://www.pik-potsdam.de/aktuelles/pressemitteilungen/auf-dem-weg-in-die-heisszeit-planet-koennte-kritische-schwelle-ueberschreiten

[15] Das Wort „anthropogen" bedeutet „durch den Menschen verursacht".

[16] Als Klimagase sind hier Gase gemeint, die das Klima nennenswert beeinflussen. Zu diesen zählen weder Stickstoff noch Sauerstoff, die mit 99 Prozent die Hauptbestandteile der Atmosphäre sind. Das wichtigste Klimagas, wenn es um die menschliche Beeinflussung des Klimas geht, ist das Kohlendioxid ($CO_2$).
[17] https://www.evangelische-aspekte.de/wir-sind-dran/
[18] https://www.bibelkommentare.de/index.php?page=dict&article_id=1178
[19] Die Abkürzung SUV kommt aus dem Englischen und bedeutet „Sport Utility Vehicle".
[20] https://www.tagesschau.de/wirtschaft/suv-millionen-marke-101.html
[21] https://www.ndr.de/ratgeber/gesundheit/Antibiotika-Forschung-Warum-Unternehmen-aussteigen,antibiotika586.html
[22] Ostwald, Wilhelm: Der energetische Imperativ, Leipzig 1912
[23] https://www.ise.fraunhofer.de/content/dam/ise/de/documents/publications/studies/DE2018_ISE_Studie_Stromgestehungskosten_Erneuerbare_Energien.pdf
[24] https://www.umweltbundesamt.de/service/uba-fragen/was-ist-ein-smart-grid
[25] https://www.unenvironment.org/resources/emissions-gap-report-2019
[26] https://www.ipcc.ch/2018/10/08/summary-for-policymakers-of-ipcc-special-report-on-global-warming-of-1-5c-approved-by-governments/
[27] https://www.tagesschau.de/wirtschaft/siemens-kohle-australien-103.html
[28] https://www.un.org/sustainabledevelopment/blog/2019/05/nature-decline-unprecedented-report/
[29] CLUB OF ROME
[30] https://www.nachhaltigkeit.info/artikel/brundtland_report_1987_728.htm
[31] https://www.nachhaltigkeit.info/artikel/brundtland_report_563.htm
[32] https://www.europhysicsnews.org/articles/epn/pdf/1972/06/epn19720306p4.pdf

33 https://wissen.hannover.de/Einrichtungen/VolkswagenStiftung/Grenzen-des-Wachstums

34 Meadows, Dennis et al.: Die Grenzen des Wachstums (1972) Übersetzung von Hans-Dieter Heck, 14. Aufl., Deutsche Verlags-Anstalt, Stuttgar, 1987 S. 17

35 https://www.footprintnetwork.org/

36 http://www.overshootday.org/

37 https://www.life-science.eu/ressourcenmanagement-wie-schaffen-wir-die-wende-zur-nachhaltigkeit/

38 https://www.umweltbundesamt.de/themen/wider-die-verschwendung

39 https://www.de-ipcc.de/256.php

40 https://www.dbk.de/fileadmin/redaktion/diverse_downloads/presse_2015/2015-06-18-Enzyklika-Laudato-si-DE.pdf

41 https://www.umweltbundesamt.de/themen/wirtschaft-konsum/wirtschaft-umwelt/umweltschaedliche-subventionen#textpart-1

42 https://germanwatch.org/de/kri

43 https://www.dwd.de/DE/klimaumwelt/aktuelle_meldungen/190326/pk_2019.html

44 https://wetterkanal.kachelmannwetter.com/der-grosse-vergleich-rekordsommer-2003-und-2018/

45 In diesem Buch wird ausschließlich die Celsiusskala verwendet

46 https://www.bmel.de/DE/Landwirtschaft/Nachhaltige-Landnutzung/Klimawandel/_Texte/Extremwetterlagen-Zustaendigkeiten.html

47 https://www.bund-naturschutz.de/wald/waldsterben-20.html

48 https://www.bmel.de/DE/Wald-Fischerei/Forst-Holzwirtschaft/_texte/Wald-Trockenheit-Klimawandel.html

49 https://www.nature.com/articles/s41558-018-0138-5

50 https://www.kn-online.de/Nachrichten/Wirtschaft/Gabriel-Felbermayr-im-Interview-IfW-Chef-plaediert-fuer-einen-CO2-Preis

[51] https://www.ise.fraunhofer.de/de/daten-zu-erneuerbaren-energien.html#faqitem_1-answer

[52] https://www.energy-charts.de/ren_share_de.htm?source=ren-share&period=weekly&year=2019

[53] Volosciuk, Claudia et al. (2014): The Impact of a Warmer Mediterranean Sea on Central European Summer Flooding. Scientific Reports, 6 (32450), pp. 1–7. DOI 10.1038/srep32450

[54] https://www.tagesschau.de/ausland/unwetter-kanaren-101.html

[55] https://www.aerztezeitung.de/Medizin/1500-Todesfaelle-bei-Hitzewellen-in-Frankreich-348765.html

[56] Die Jahreszeiten sind auf der Südhalbkugel gegenüber der Nordhalbkugel um ein halbes Jahr verschoben.

[57] http://www.bom.gov.au/climate/current/month/aus/summary.shtml

[58] http://www.bom.gov.au/climate/updates/articles/a032.shtml

[59] https://www.klimareporter.de/erdsystem/doch-kein-hirngespinst-in-down-under

[60] https://www.coralcoe.org.au/for-managers/coral-bleaching-and-the-great-barrier-reef

[61] Revelle, Roger & Suess, Hans E. (1957): Carbon Dioxide Exchange Between Atmosphere and Ocean and the Question of an Increase of Atmospheric $CO_2$ during the Past Decades. Tellus, 9 (1), 18–27

[62] https://www.esrl.noaa.gov/gmd/ccgg/trends/

[63] Im Mai werden die höchsten $CO_2$-Werte während eines Jahres gemessen. Die Jahresamplitude ist mit weniger als 10 ppm (parts per million, Teile pro eine Million) allerdings recht klein.

[64] https://www.atmos-chem-phys.net/13/2793/2013/acp-13-2793-2013.pdf

[65] Lüthi, D., M. Le Floch, B. Bereiter, T. Blunier, J.-M. Barnola, et al. (2008): High-resolution carbon dioxide concentration record 650,000–800,000 years before present. Nature 453: 379–382. doi:10.1038/nature06949

[66] https://www.climatecentral.org/gallery/graphics/800000-years-of-carbon-dioxide

[67] https://www.globalcarbonproject.org/

[68] https://ocean-artup.eu/

[69] https://blogs.scientificamerican.com/plugged-in/why-we-know-about-the-greenhouse-gas-effect/

[70] Die Einheit µm entspricht einem Tausendstel Millimeter.

[71] Der Himmel erscheint für uns blau, weil Blau stärker von den Luftmolekülen gestreut wird als Grün.

[72] Jeder Körper sendet Strahlung aus. Die Wellenlängen der emittierten Strahlung werden entsprechend dem Planck'schen Strahlungsgesetz von der Temperatur des Körpers bestimmt. Die heiße Sonne emittiert Strahlung im sichtbaren Spektralbereich, die vergleichsweise kalte Erde im nicht sichtbaren, infraroten Spektralbereich. Die irdische Infrarotstrahlung wird auch als Wärme-, thermische oder terrestrische Strahlung bezeichnet.

[73] An dieser Stelle sei bemerkt, dass es bei den in diesem Buch genannten absoluten Temperaturen um sehr grobe Abschätzungen handelt, die mit einer Fehlermarge von mindestens 0,5 Grad behaftet sind.

[74] Die gasförmige Phase des Wassers ($H_2O$) wird als Wasserdampf bezeichnet. Wasserdampf gelangt in die Atmosphäre durch Verdunstung und wird durch Kondensation in Wolken und Niederschlag verwandelt. Dabei verdunstet das meiste Wasser über den Ozeanen, und zwar pro Flächeneinheit in etwa doppelt so viel wie über dem Land.

[75] Als atmosphärische Fenster bezeichnet man (in Analogie zu lichtdurchlässigen Fenstern in Gebäuden) Spektralbereiche, in denen Strahlung von der Erde direkt in den Weltraum entweichen kann, ohne dass es eine wesentliche Absorption gibt.

[76] https://www.spektrum.de/lexikon/geowissenschaften/plancksches-strahlungsgesetz/12351

[77] Gut durchmischte Treibhausgase besitzen eine Verweilzeit in der Atmosphäre, die lang genug ist, damit sie sich mehr oder weniger homogen in der Troposphäre, dem untersten Stockwerk der Atmosphäre, verteilen können. Neben Kohlendioxid ($CO_2$) gehören hierzu Methan ($CH_4$), Distickstoffmonoxid (Lachgas, $N_2O$) und die Fluorchlorkohlenwasserstoffe (FCKW).

[78] Der Wasserdampf wirkt umgekehrt während Abkühlungsphasen, zum Beispiel während Eiszeiten, als Verstärker der Abkühlung.

[79] http://www.dmg-ev.de/wp-content/uploads/2015/12/treibhauseffekt.pdf

[80] Dabei handelt es sich einerseits um den latenten Wärmefluss, der durch die Verdunstung des Wassers der Erdoberfläche Energie entzieht, die bei der Kondensation in der Atmosphäre frei wird. Und andererseits um den Fluss fühlbarer Wärme.

[81] https://www.nature.com/articles/ngeo3036

[82] parts per million, Teile pro eine Million

[83] Arrhenius, Svante (1896): Ueber den Einfluss des Atmosphärischen Kohlensäurengehalts auf die Temperatur der Erdoberfläche, in the Proceedings of the Royal Swedish Academy of Science, Stockholm 1896, Volume 22, I N. 1, pp. 1–101

[84] https://www.mpimet.mpg.de/kommunikation/aktuelles/im-fokus/klimasensitivitaet/

[85] https://www.nature.com/articles/s41558-019-0660-0

[86] https://agupubs.onlinelibrary.wiley.com/doi/full/10.1029/2019GL085782

[87] Das Holozän umfasst die nacheiszeitliche Warmzeit, die bis heute andauert.

[88] https://www.unibe.ch/aktuell/medien/media_relations/medienmitteilungen/2019/medienmitteilungen_2019/klima_erwaermt_sich_so_schnell_wie_nie_in_den_letzten_2000_jahren/index_ger.html

[89] Nerem, R. Steven et al. (2018): Climate-change-driven accelerated sea level rise detected in the altimeter era. Proceedings of the National Academy of Sciences

[90] Jevrejeva, Svetlana et al. (2016): Coastal sea level rise with warming above 2 °C. PNAS, 113, 47, 13342–13347

[91] http://www.theclimateconsensus.com/content/satellite-data-show-a-cooling-trend-in-the-upper-atmosphere-so-much-for-global-warming-right

[92] https://www.klimanavigator.eu/dossier/artikel/056375/index.php

[93] http://www.mathematik.net/gleichungen/gl1s15.htm

[94] https://www.wetterdienst.de/Deutschlandwetter/Thema_des_Tages/1402/geschichte-der-computergestuetzten-wettervorhersage

[95] http://www.klima-warnsignale.uni-hamburg.de/wetterextreme/wetterextreme_kap-4-7/

[96] Stouffer, Ronald J. & Manabe, Syvkuro (2017): Assessing temperature pattern projections made in 1989. Nature Climate Change, 7, 163–165

[97] https://www.umweltbundesamt.de/themen/klima-energie/klimawandel/haeufige-fragen-klimawandel#6-ist-die-anderung-der-sonnenstrahlung-nicht-der-wesentliche-faktor-bei-klimaanderungen

[98] https://www.deutsches-klima-konsortium.de/ueber-uns/positionen/stellungnahmen.html?expand=3981&cHash=abfe7f292f4583841ba614eafc90f9f8

[99] https://journals.aps.org/prl/abstract/10.1103/PhysRevLett.81.5027

[100] https://www.weltderphysik.de/gebiet/leben/einfluesse-auf-den-menschen/kosmische-strahlung/

[101] http://www.realclimate.org/index.php/archives/2012/12/a-review-of-cosmic-rays-and-climate-a-cluttered-story-of-little-success/; https://www.skepticalscience.com/cosmic-rays-and-global-warming-advanced.htm

[102] https://www.worldweatherattribution.org/

[103] Der Zusammenbruch der Großbank Lehman Brothers ereignete sich am 15. September 2008.

[104] https://oekom-verein.de/veranstaltung/ortwin-renn-klimawandel-resilenz/

[105] https://www.ag-energiebilanzen.de/

[106] https://www.deutsches-klima-konsortium.de/fileadmin/user_upload/2011_Downloads/061130_Stern-Report_-_Zusammenfassung.pdf

[107] https://www.cdp.net/en

[108] https://www.pnas.org/content/pnas/116/47/23487.full.pdf

[109] https://www.pik-potsdam.de/services/infothek/kippelemente/kippelemente
[110] https://www.pnas.org/content/116/6/1934; https://www.nessc.nl/tipping-points-ice-sheets/
[111] IPCC. IPCC Special Report on the Ocean and Cryosphere in a Changing Climate (IPCC, 2019)
[112] https://www.eskp.de/klimawandel/die-kuesten-in-der-arktis-zerfallen-weitgehend-unbeobachtet/
[113] https://agupubs.onlinelibrary.wiley.com/doi/full/10.1002/2017GL074070
[114] https://www.thetimes.co.uk/article/bbc-freezes-out-climate-sceptics-fqhqmrfs6
[115] https://www.de-ipcc.de/media/content/Druck_De-IPCC_Flyer_Der_Weltklimarat_IPCC.pdf
[116] https://www.de-ipcc.de/media/content/Kernbotschaften%20IPCC%20AR5%20SYR_neu_1804.pdf
[117] http://advances.sciencemag.org/content/5/4/eaav7337
[118] http://climatechange.lta.org/wp-content/uploads/cct/2015/03/ZeebeEtAl-NGS16.pdf
[119] https://www.pik-potsdam.de/aktuelles/pressemitteilungen/mehr-co2-als-jemals-zuvor-in-3-millionen-jahren-beispiellose-computersimulation-zur-klimageschichte?set_language=de
[120] https://www.nature.com/articles/s41558-019-0563-0
[121] https://www.bundesgesundheitsministerium.de/impfpflicht.html
[122] https://en.wikipedia.org/wiki/Climatic_Research_Unit_email_controversy
[123] https://de.wikipedia.org/wiki/Watergate-Aff%C3%A4re
[124] https://de.wikipedia.org/wiki/Philip_D._Jones
[125] https://www.klimafakten.de/behauptungen/behauptung-gehackte-e-mails-von-klimaforschern-belegen-dass-sie-luegen-und-betruegen
[126] https://www.bmu.de/themen/klima-energie/klimaschutz/internationale-klimapolitik/kyoto-protokoll/

[127] https://www.focus.de/wissen/klima/klimapolitik/tid-16643/klimagipfel-das-debakel-von-floppenhagen_aid_464624.html

[128] https://gedankenwelt.de/wenn-du-eine-luege-tausendmal-erzaehlst-wird-sie-dann-zur-wahrheit/

[129] Als Populisten bezeichne ich Politikerinnen und Politiker, die bestimmte Gruppen ausgrenzen, Gewaltenteilung und Freiheit abschaffen wollen und der Bevölkerung scheinbar einfache Lösungen für die Bewältigung der komplexen Herausforderungen unserer Zeit präsentieren. Sie lügen und agieren mit Grenzüberschreitungen, zum Beispiel, indem sie den Holocaust relativieren.

[130] https://www.afdbundestag.de/wp-content/uploads/sites/156/2019/07/Dresdener-Erkla%CC%88rung-V7.pdf

[131] https://www.faz.net/aktuell/politik/inland/f-a-z-exklusiv-gauland-will-klima-hype-aussitzen-16224965.html

[132] https://www.tagesschau.de/multimedia/video/video-646215.html

[133] https://www.tagesschau.de/faktenfinder/afd-umwelt-thesen-faktencheck-101.html

[134] https://www.welt.de/politik/deutschland/article201939912/Klimaschutz-AfD-will-alle-Programme-komplett-stoppen.html

[135] https://konservativeraufbruch.de/klima-manifest-2020/

[136] Übersetzt heißt Junk Science Müll-Wissenschaft.

[137] https://www.spiegel.de/wirtschaft/donald-trump-der-us-praesident-zeigt-in-davos-einen-perversen-optimismus-a-db829d42-c5cd-4125-9681-71ba6e88cf17

[138] https://www.vaticannews.va/de/papst/news/2018-03/laudato-si-zusammenfassung-pontifikat-franziskus-5-jahre.html

[139] https://www.cancer.org/about-us/recognition/awards/luther-terry-award.html

[140] https://www.desmogblog.com/global-climate-coalition

[141] https://www.de-ipcc.de/119.php

[142] ExxonMobil ist 1999 durch den Zusammenschluss von Exxon und Mobil Oil entstanden.

[143] https://influencemap.org/report/How-Big-Oil-Continues-to-Oppose-the-Paris-Agreement-38212275958aa21196dae3b76220bddc

[144] Supran, Geoffrey & Oreskes, Naomi: Assessing ExxonMobil's climate change communications (1977–2014) Environ. Res. Lett. 12 (2017) 084019

[145] https://www.n-tv.de/wirtschaft/Exxon-weiss-seit-40-Jahren-vom-Klimawandel-article16221131.html

[146] https://www.spiegel.de/wissenschaft/mensch/new-york-exxon-steht-im-klimawandel-prozess-vor-gericht-a-1292933.html

[147] https://www.deutschlandfunk.de/analyse-die-machiavellis-der-wissenschaft.740.de.html?dram:article_id=305454

[148] http://www.bpb.de/apuz/188663/was-ist-nachhaltigkeit-dimensionen-und-chancen?p=all

[149] https://www.freitag.de/autoren/the-guardian/die-idee-die-die-welt-verschlang

[150] Unter Austerität wird in der Wirtschaft eine strenge Sparpolitik verstanden.

[151] Mit Globaler Norden werden die reichen Industrieländer bezeichnet. Globaler Süden wird die Ländergruppe der Entwicklungs- und Schwellenländer genannt.

[152] https://www.wired.com/story/cambridge-analytica-facebook-privacy-awakening/

[153] https://theflatearthsociety.org/home/index.php

[154] https://gfds.de/wort-des-jahres-2016/

[155] Mit „Sie" ist die Gesellschaft für deutsche Sprache gemeint.

[156] http://www.unwortdesjahres.net/

[157] https://www.eike-klima-energie.eu/

[158] https://www.swr.de/swr2/wissen/swr2-wissen-2020-03-10-100.html

[159] https://www.heartland.org/about-us/index.html

[160] https://correctiv.org/top-stories/2020/02/04/die-heartland-lobby-2/

[161] https://www.spiegel.de/wissenschaft/natur/brasilien-waldbraende-im-amazonas-erreichen-rekordhoch-a-1282942.html

[162] www.boeckler.de/wsi_121277.htm

[163] https://www.bertelsmann-stiftung.de/de/themen/aktuelle-meldungen/2019/dezember/truebe-aussichten-fuer-junge-generationen-in-oecd-laendern/

[164] http://www.langelieder.de/lit-radermacher07.html

[165] https://www.suhrkamp.de/buecher/schoene_neue_arbeitswelt-ulrich_beck_45871.html

[166] https://rp-online.de/wirtschaft/unternehmen/bedrohte-mittelschicht_aid-11745967

[167] http://www.unwortdesjahres.net/

[168] https://www.ard-wien.de/2019/09/27/chronologie-der-ibiza-affaere/

[169] Sars-CoV-2, severe acute respiratory syndrome coronavirus 2, „Schweres akutes Atemwegssyndrom Coronavirus 2"

[170] https://www.nytimes.com/interactive/2020/03/22/world/coronavirus-spread.html?smtyp=cur&smid=tw-nytimes

[171] https://www.nytimes.com/2020/04/11/us/politics/coronavirus-trump-response.html?action=click&module=Spotlight&pgtype=Homepage

[172] https://www.sueddeutsche.de/politik/ungarn-orban-notstandsgesetz-1.4862238

[173] https://www.focus.de/politik/ausland/fast-5-200-tote-drohnenaufnahmen-zeigen-new-york-errichtet-massengraeber-auf-hart-island_id_11871800.html

[174] Drucksache 17/12051, http://dipbt.bundestag.de/doc/btd/17/120/1712051.pdf

[175] https://taz.de/Lungenarzt-zu-Corona/!5669085/

[176] https://ec.europa.eu/info/strategy/priorities-2019-2024/european-green-deal_de

[177] https://www.bmu.de/themen/klima-energie/klimaschutz/kommission-wachstum-strukturwandel-und-beschaeftigung/

[178] https://www.ise.fraunhofer.de/de/presse-und-medien/news/2019/energy-charts-januar-2019--neue-monatsrekorde-bei-stromerzeugung.html

[179] https://www.presseportal.de/pm/7666/4519678

[180] https://www.mpg.de/155331/meteorologie

[181] First World Climate Conference (WCC-1), https://public.wmo.int/en/bulletin/history-climate-activities. Die Weltklimakonferenzen sind von den alljährlich stattfindenden Vertragsstaatenkonferenzen (COPs) zu unterscheiden.

[182] White, Robert M. (1979): The World Climate Conference: Report by the Conference Chairman. WMO Bulletin, 28, 3, 177–178

[183] Durch den Menschen verursacht.

[184] https://www.umweltbundesamt.de/themen/klima-energie/internationale-eu-klimapolitik/klimarahmenkonvention-der-vereinten-nationen-unfccc

[185] COP: Conference of the Parties

[186] Die EU stellt eine eigene Delegation. Deswegen handelt es sich um insgesamt 196 Delegationen.

[187] https://www.bmu.de/themen/klima-energie/klimaschutz/internationale-klimapolitik/pariser-abkommen/

[188] https://climateactiontracker.org/

[189] http://www.globalcarbonproject.org/carbonbudget/18/highlights.htm

[190] https://www.globalcarbonproject.org/carbonbudget/19/publications.htm

[191] Stand 2018. https://www.globalcarbonproject.org/carbonbudget/index.htm

[192] Die EU hat (Stand 2019) 28 Mitgliedstaaten (EU-28). Zur EU-28 zählt Großbritannien, das angekündigt hat, aus der EU auszutreten.

[193] https://www.climateanalytics.org/media/historical_responsibility_report_nov_2015.pdf

[194] https://www.umweltbundesamt.de/presse/pressemitteilungen/treibhausgasemissionen-gingen-2019-um-63-prozent

[195] https://www.volker-quaschning.de/datserv/CO2-D/index.php
[196] https://www.iwr.de/news.php?id=36180
[197] https://www.agora-energiewende.de/presse/neuigkeiten-archiv/co2-preis-drueckt-treibhausgasemissionen-und-kohleverstromung-2019-auf-rekordtiefs/
[198] https://www.zdf.de/nachrichten/heute/bundesregierung-setzt-klimakabinett-ein-100.html
[199] https://www.bundesregierung.de/resource/blob/975226/1679914/e01d6bd855f09bf05cf7498e06d0a3ff/2019-10-09-klima-massnahmen-data.pdf?download=1
[200] https://www.un.org/en/climatechange/un-climate-summit-2019.shtml
[201] https://www.thenation.com/article/climate-change-journalism/
[202] https://www.tu-berlin.de/?208333
[203] http://bildung-rp.de/fileadmin/user_upload/schulkinowoche.bildung-rp.de/Filmhefte___Arbeitsmaterialien/eine_unbequeme_Wahrheit_2.pdf
[204] https://www.tagesspiegel.de/politik/begruendung-im-wortlaut-friedensnobelpreis-an-gore-und-ipcc/1067740.html
[205] Im Original lautet der Titel des Buches „Don't Even Think About It. Why Our Brains Are Wired to Ignore Climate Change".
[206] https://www.klimafakten.de/meldung/warum-unser-gehirn-darauf-programmiert-ist-den-klimawandel-zu-ignorieren
[207] https://www.weltderphysik.de/gebiet/materie/news/2011/fassaden-als-kraftwerke-farbe-erzeugt-solarstrom/
[208] https://www.nature.com/articles/s41586-020-2010-9#Abs1
[209] https://fridaysforfuture.de/
[210] https://www.scientists4future.org/
[211] https://https://psychologistsforfuture.org/
[212] https://healthforfuture.de/
[213] https://www.youtube.com/watch?v=4Y1lZQsyuSQ

[214] https://www.umweltbundesamt.de/themen/30-jahre-montrealer-protokoll-schutz-von
[215] https://www.nature.com/articles/315207a0
[216] Präsident Obama am 23.9.2014 auf dem UNO-Klimagipfel in New York.